不烦不累扫一屋

世界一流清洁大师教你如何『顺手』做清洁

〔日〕新津春子／著

张艳辉／译

U0248016

江苏凤凰文艺出版社

JIANGSU PHOENIX LITERATURE AND
ART PUBLISHING, LTD

# 序　言

我在羽田机场做了20多年的保洁工作。这个机场连续两年（2013年及2014年）被评为"世界最干净机场"（2016年羽田机场再次被评为"世界最干净机场"，编者注）。大家未必知道，为了给机场的乘客们营造一个舒适愉悦的环境，每天有多达500名清洁员工参与机场保洁工作。

2015年NHK频道播放了一个叫《专业工作流派》的节目。节目播出之后，引起社会极大的反响——我们在进行保洁工作时很多客人都会主动跟我们打招呼，有时还会收到许多同行的"鼓励信"。

清洁工作是一种默默无闻的付出。干净整洁的环境很容易被弄脏，即便打扫得再干净也难获得乘客的赞许。保洁工作很辛苦，日复一日劳心劳力，有时甚至伴随着危险，但必须得有人承担这份工作。

NHK 的节目播出之后，很多人开始关注保洁这一平凡的工作，这令我们十分欣慰。

在机场从事保洁工作，需要行动干练并且保证安全。出于安全考虑，男士卫生间内未设置垃圾箱，不同环境下使用的保洁工具也会有所区别。而由于机场不仅有国内乘客，还有许多存在文化差异的外国乘客来往于此，经常会发生一些意外或纠纷。所以，我们无时无刻不想方设法改进保洁方法，为大家提供舒适整洁和安全的环境。

污垢难以被清扫令人苦恼，所以保洁工作需要每天不断学习。我以前是自己动手，而现在的主要工作是指导帮助其他保洁员工，但是，每天工作结束时，我总是放心不下，仍然坚持仔细检查机场的每个角落是否有垃圾或污垢。

羽田机场占地面积广阔，形形色色的各国乘客来往于此，还有大飞机。我很喜欢自己的工作环境，想把这里的每个角落打扫得干干净净。

在本书中，我会介绍一些自己在家使用的清洁方法。工作场所的清洁目标是尽善尽美，与之不同的是，家中清洁重要的是简单快捷，无须使用特殊工具或清洗剂，也不用耗费太多体力，只需一块毛巾，即可轻松解决家庭日常清扫。

抽点空闲时间，三下五除二就能把家打扫干净。如果觉得麻烦，也可以先简单分开收拾，然后再慢慢处理，三分钟就能清洁一处，真的要好好夸奖一下自己。

清洁时放松肩部，打扫干净后身体不会感到劳累，心情也会愉悦。保持好心态很重要，很多人认为每天都做清扫太麻烦，或者太忙没时间。但是请记住，想要轻松合理地完成清洁也是有诀窍的。

"清洁工作很轻松"，这是我在职业学校时的恩师对我说的。正是这位恩师给我介绍了羽田机场的这份工作。

我们服务的对象不仅是人，还包括很多事物。比方说一张桌子，如果不去细心研究其材质，找到正确的方法，即使再怎么擦拭，也无法恢复其原有的光泽与亮度。

市面上有很多传授清洁技巧的图书。但这本书不一样的是，它不仅介绍我独有的家庭清扫技巧，还有一些我从清洁工作中亲身体会到的小感悟。

希望不擅长或厌烦清洁的人们能够从本书中学到清洁的正确方法，感受清扫的轻松与乐趣。

新津春子

**目录**

第**2**章　**不擅长清洁的人必看**
**轻松清洁的分门别类术**

# 第**3**章  保持舒畅好心情！
## 做好厨房 & 客厅的清洁

第**4**章　**瞬间解决浴室·卫生间·洗漱台的苦恼**
**卫浴清洁**

# 第5章 提升家庭格调
## 玄关·阳台·庭院的清洁

第1章

# 轻松且快乐！
# "新津流"清洁的心得

是否有时想把家彻底打扫一遍，可清扫到一半就筋疲力尽。

或者，即使打扫干净了也无法长期保持。

类似这样的经验，你们有没有？

下面我们通过漫画来了解一下，如何让你的清洁生活更加轻松。

 **解说** 每天不用打扫太彻底，把"能看见""能碰到"的地方清洁干净就行

> 关键是告诉自己，不要做繁重的家务。减轻负担，轻松打造整洁的环境。

要说最不想做的家务，想必就是清扫！

实际上，我在做保洁工作之前也很讨厌清扫、讨厌家务。与父母一起生活时，我连碗都不洗。

如果带着责任感去清扫，真的会很抗拒！但是，完成清洁工作之后的成就感也是谁都体验过的，所以关键是每天如何轻松愉悦地踏出清扫第一步。

请记住，不要带着刻意的心情去清洁打扫。

比方说我，因为工作原因，每天都不能在家待很久，只能早上做一做"顺手"清洁。例如，送丈夫上班时，用湿毛巾随手擦拭走廊或扶手等人经常走过的位置，最后再擦擦大门的把手。之后，边刷牙边擦干洗漱台的镜子，或者进卫生间就顺手用拖把拖一拖地面。

即使只有 30 秒的时间，就像这样反复"顺手清扫"，再忙再累也能轻松完成房间清扫。就算是我这样的清洁达人也无法每天彻底打扫整个家，家庭清洁的关键是"顺手清扫"，而不是"刻意清扫"。

牢记应该清扫"活动路线""视线下方"。"活动路线"是指人经常活动的位置，也是皮屑、毛发容易掉落的位置。每天清洁这里，就能发现很多藏污纳垢的情况。

"视线下方"是指视线以下比较低的位置，这些地方平常手脚触碰较多，且容易留下指纹、皮脂等。每天用水轻轻擦拭这些地方，基本不会有污渍残留。

将清洁工具放在随手可取的位置也很重要，这是避免将清扫变为负担的秘诀之一。有些不擅长清扫的人会将吸尘器分拆放置，这样会增加准备工作，造成厌烦情绪。

我会让吸尘器保持正常使用状态，放在起居室旁边随时待命。一发现哪里有灰尘，就能干净利索地解决。

为了防止客人来访觉得不美观，我将壁柜的一部分空出

来，以方便随时收存吸尘器。

另外，我也会有效利用坐地铁或坐公交的时间，没事时就会用布擦拭化妆袋里的镜子，用纸巾擦拭口红等化妆品的外壳，或者把手机屏幕擦得更亮。

身边的物品保持干净，也会让人时刻保持好心情。

通常，家庭需要注意的清洁点是"灰尘""湿气"及"气味"。平日清洁时，只要注意这些细节就行了。

首先，每天总会产生的是"灰尘"。衣服、被子等布料纤维飞散在空中，最终散落至低处。

如果灰尘沉积在插座中，还有可能导致火灾等危险。电视机背面电线集中部分等平时难以注意到的地方，需要更仔细地清洁。

其次，"湿气"是细菌与霉菌繁殖的原因。持续高湿度状态下，"湿气"会结霜，从而对居家环境造成伤害，与灰尘结合在一起则会变成难以清除的团状污垢。

"气味"则是看不见的，令人头疼。封闭的空间内气味无法排放，因此保持空气流通是消除气味的最佳方法。晴天多开窗，让外部空气进入室内，将对流的窗户或门打开，通风

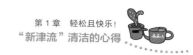

会变得良好。

　　在家中，也应尽可能减少封闭空间。我家的厕所除了正在使用，其他时间都尽可能打开一点，其他房间的门及壁柜的门也经常保持打开状态。

## 解说 不要总想着先收拾再清洁，
## 东西多和房间整洁并不是一回事

> 不需要强迫自己扔掉家中的物品，住着开
> 心就行！

通常，很多人把"清洁"和"收纳"放在一起考虑。他们
认为如果没有把东西整理好，自然也就无法腾出清洁的空间。
但是，有时也正是这种想法导致"清洁困难"这一想法的出现。

换句话说，由于"清洁前必须收拾屋子""不得不扔掉很多
东西"等顾虑，在进行清洁之前会让人产生困扰。

作为清洁达人，很多人都以为我家中的杂物不多，并且一
定收拾得干净整洁。然而事实并非如此，我家的东西可多了！
衣服、旅行纪念品、丈夫收藏的厨具等，每一样都是难以割舍
的。即使这样，我也能做到细致清洁并长期保持卫生，还可以
与这么多自己喜欢的东西一起生活。

　　把东西彻底清理干净，简单平淡的生活或许太过理想化，并不适合我。

　　某些重要的物品充满回忆，或者是某人的一份感情，总有舍不得丢弃的理由，所以不用过分纠结。

　　"东西太多，不知道从哪里开始清洁"，如果碰到这样的难题，请"从狭小空间着手"！比方说冰箱，需要处理掉过期的食品；还有壁柜，处理掉不合身的衣服。从家中"存放确实不需要的物品的地方"开始着手，以此类推。关键是清洁小空间的行动必然会获得回报。这么一来，家中的"整洁环境"也会逐步扩大。

### ③ 心得 解说 清洁与烹饪一样，选择合适的工具就能事半功倍

> 要善待所使用的工具，用心保养才能越用越顺手。

工具会对清洁效率及效果产生较大影响。

在保洁工作现场，为了能够快速应对各种污垢，要使用不同的清洗剂。如果是在家中，则只需准备普通的清洗剂和工具就够了。不擅长清扫的人经常会问："有没有最适合清扫的工具？"通常我的回答是："信不信由你，一块毛巾就能让普通家庭变得闪亮！"所以，不需要特意准备各种专用抹布。我会将薄毛巾、长毛巾、手帕毛巾等区分开使用，无论是工作时或在家里都是这样处理的。

关于清洁工具，之后会详细介绍，关键在于根据污垢特性，区分使用清洁工具，并进行长期有效的保养。

想一想烹饪与烹饪工具之间的关系，这样或许更容易理解。煮、煎是不同的烹饪方法，分别需要选择合适的工具才能烹饪出美味。烹饪美食的人和最适合的工具完美搭配，这样就能轻松做出美食。

与烹饪一样，工具的保养也很重要。很多人没注意到这一点，比方说，对于吸尘器就不会注意保养。但工具保养其实是非常重要的，为了避免吸尘器的吸力降低，每次使用前我都会把吸尘器的吸头部分拆下清洗干净，使用后一定将集尘袋清理干净，内侧用指尖仔细清洗并弄干。

或许有人觉得这样做比较麻烦。但是，仔细阅读工具的使用说明书后合理使用，善待帮助自己的工具，会使自己清洁时更轻松愉悦，效率也更高。

## 清洁卫生间，也能放松心情

## 4 心得 ●解说● 卫生间清洁得很干净的家庭，其他地方也不会藏污纳垢

> 如果一个人能将自己生活的地方保持清洁、舒适，生活也会很美好。

卫生间是家中最常用的空间。

如此狭小的空间，却是家人每天都会使用的地方。正因为狭小，所以容易存留灰尘，也是污垢最显眼的地方。换句话说，进入这样狭小密闭的空间后，人的观察力会更加细致。所以，卫生间是来访客人最容易判断主人家干净程度的地方。

卫生间清洁的关键是"对付异味"。方便时打开排气扇，没有排气扇就打开窗户，没人在家时也要把门稍稍打开。如果换气扇灰尘太多会影响正常换气，因此要经常仔细清洗。外出时，在坐便器的水槽中滴入极少量卫生间清洁用消毒液，可有效抑制细菌（异味的根源）繁殖。

"清扫是必须做却没有做的事情"，很多人通常都是这样在嘴上说，内心还是嫌麻烦而拖着不做清扫工作。随着自责情绪的累加，清扫变得更有压力，并陷入"自责—不做—更自责"的循环，也很容易产生"谁都不想清洁卫生间"这样的问题。正因如此，把卫生间打扫干净，才会更有成就感！换句话说，能够每天保持卫生间干净的人，肯定也是清洁达人。即便不被家人或一起住的人表扬，也要自己表扬自己。

"卫生间干净了，好运也会跟着来！"、"幸运之神在此！"人们常说这样的话激励自己。虽然这些话不太可信，但卫生间清洁或许能够使自己的生活节奏更轻松，生活态度变得更健康。根据我的经验，如果卫生间与玄关很干净的话，家里必定一尘不染，家庭关系也会很和谐。

## 研究"怎么去除"不如研究"怎么预防",清洁达人认为"预防清洁"很重要

> 污垢就像是蛀牙,在症状尚未出现时应将其彻底击溃。

清洁分为两种。

我们平常所做的清洁脏乱地方是事后清洁。

与此相对,避免弄脏便是预防清洁——预防产生污垢,或者在污垢程度较轻时及时处理。如卫生间地面应经常用水擦拭,避免细菌增长,这就是预防重于治理。

事后清洁当然也很重要。不过,即使每次弄脏后都及时清洁,也不能根本解决问题,因为之后还会弄脏。"污垢是怎么产生的?""怎样做才能避免污垢产生?"找出问题的根源,形成预防污垢的体系最重要。

清洁时,并不仅仅是清除污垢,而是怎样做才能使得污垢难以产生。

污垢会随着时间推移而变硬，反复积累会更加严重。为了彻底清洁，用尽力气擦拭或使用强劲的清洗剂，操作不当则会损害材料本身。当污垢出现在眼前时，说明已经迟了！预防清洁看似烦琐，但比起不得不做的事后清洁，这是比较高效的清洁方式，对环保也有利。

当然，如果刻意地去做预防清洁，反而会成为生活的负担，正确的做法是应该与日常生活中的习惯相结合，形成自然、顺手的行为。

所以，正如饭后刷牙预防蛀牙一样，让预防清洁也成为习惯吧，要知道，如果没有及时清洁，之后带来的麻烦或许更多。

## 解说 清洁到底是为了什么？
## 当产生这种苦恼时……

> 清洁除了给别人带来幸福，还能锻炼身体，
> 对自己也有益。

在家庭清洁中，经常会产生"为什么总是我做？"这种感觉。

我在做保洁工作时，来往的旅客会对我说声"谢谢"！但是在自己家中打扫时，基本没有人感谢或表扬我。即使每天清扫得很干净，成就感也微乎其微。

仔细想想，清洁是为了什么？其实就是为了让自己更加舒适，让家人更加幸福。

无论是谁，居住在干净的空间里总会很舒心。这样一来，家人会更愿意待在家里，因为家里有着幸福的氛围。若是保持舒适的居住环境，家人也会更小心对待这个家，不会随意弄脏。

只要想着"幸福会降临到我们身上"，清洁的心情就会更加愉悦轻松。

除此之外，清洁还有其他好处。

比方说我，清洁还能够"锻炼身体"。我是带着计步器工作的，大致每天走 15000 ～ 20000 步，一边收腹提臀，一边行走。为了将毛巾拧得更干，空闲时候我就会做猜拳游戏锻炼手力。而且，清洁有许多需要动脑的地方，也会让我们的头脑变得更灵活。

有时大扫除是需要团队协作的，团队成员之间的协调以及顺利完成工作的有效方式都是从中锻炼出来的。当然，这种工作技巧在你要求丈夫帮你干活时也同样适用。如果只是简单指挥，难免会让对方心里产生隔阂，工作也无法高效进行。所以，应当将自己的意图和理由表述清楚，并亲力亲为。

此外，用心观察体会也很重要，所以，我们通过清洁还拓展了自己的思维。

专栏

## 用热诚的心使犄角旮旯变得闪亮

羽田机场连续两年被评为"世界最干净机场",机场的国际航线站台与国内航线站台合计占地面积约为 78 万平方米。每天大约有 500 人参与这里的清扫工作,每天来往于此的乘客不计其数,也会产生许多脏乱的情况。

由于文化差异,有的外国旅客用不惯日本的卫生间,甚至会弄脏卫生间;而且日本是一个湿度很高的国家,有些刚下飞机的乘客会去卫生间洗头发。这些举动都会造成下水道堵塞,但卫生间内没有设置提醒告示牌,相反地,如果发生类似情况,我们会立即清洁。所以,羽田机场被评为"世界最干净机场",也是日本的一张名片。

第2章

# 不擅长清洁的人必看
## 轻松清洁的分门别类术

　　污垢的种类、清洁工具的选择与使用看
似简单明了，其实里面隐藏的学问真的很多。
　　消除抗拒清扫心理的第一步就是认清你
的对手。

# 污垢的种类其实只有 3 种!

> 按固态、水性及油性分类,时间、精力与
> 清洗剂用量都可减少!

普通家庭常见的污垢种类如下页图片所示。尽管种类很多,但清扫时,只需分为固态、水性及油性即可。根据污垢的性质,用不同方法进行清洁,不仅节省了精力与体力,还能避免清洗剂等耗材的浪费。

如果直接擦洗灰尘等固态污垢,可能会导致污垢进入缝隙等狭小部位。所以,应先用扫帚、刷子等进行清扫。

水性污垢如果程度较轻,可用温水浸湿毛巾进行擦拭(湿擦)。如需要使用清洗剂,则选择中性清洗剂较为合适。

油性污垢建议使用碱性或弱碱性清洗剂。

有些清洗剂会对皮肤造成伤害,因此清洁时应佩戴橡胶手套。

# 普通家庭常见污垢

| | | |
|---|---|---|
| **毛发·皮屑**<br>人每天会脱落数十根至数百根毛发，还有头皮的皮屑等。卧室中最容易积存这类污垢。 | **泥·沙**<br>鞋子带进来或从窗户吹进来的沙土、灰尘，被水浸泡后容易扩散。 | **灰尘**<br>纤维碎屑、毛发、尘螨、霉菌等悬浮物或尘埃的统称。 |
| **油污**<br>厨房的灶台、吸油烟机周围容易残留的油污，时间久了会黏附灰尘。 | **肥皂垢**<br>水中的钙离子和肥皂成分中的脂肪酸钠反应产生的偏白色污垢。 | **水垢**<br>水中的矿物质成分在水干后形成白色固体，会残留在水槽周围、下水道中。 |
| **细菌**<br>存在于水、空气中的微生物，种类较多。细菌聚集也会产生异味。 | **尿渍**<br>尿液中某些成分残留并固化形成的污渍。不仅在坐便器与管道中残留，还会溅落至地面。 | **烟油**<br>香烟中所含的焦油具有很强的附着力，沾到墙壁上会使壁纸变黄，并散发出异味。 |

| | |
|---|---|
| **锈迹**<br>金属如长时间接触水会产生锈迹，树脂等非金属物品接触铁制品也会沾上锈迹。 | **食物残渣·溅出的饮料**<br>附着在墙壁或地面的食物、饮料残留的污垢。有的食物含油脂，一旦附着，使用吸尘器也无法清除。 |
| **霉菌**<br>在温度、湿度等条件适合的情况下就会产生。霉菌容易在窗户玻璃、墙壁、瓷砖接缝等地方产生，也是过敏原之一。 | **皮脂污垢·手垢**<br>手脚接触的灰尘、汗液、皮脂等污垢。容易沾到门把手或开关等地方。 |

## 2 清洗剂无须区分过细
分门别类

> 五花八门的清洗剂让人无从选择？准备最
> 基本的 5 种就行！

　　我工作的保洁公司负责保持机场整洁，所以需要将很多种清洗剂区分使用。但是，普通家庭清洁只需准备下页中的 5 种清洗剂就足够了。单独使用或搭配使用，可以轻松处理家中的绝大部分污垢。各种专用清洗剂整理起来非常麻烦，用不完过期扔掉还会造成环境污染。所以，应尽可能控制清洗剂使用的数量与种类。

　　但请牢记：酸性清洗剂和碱性清洗剂不宜混用，所以在使用前应仔细阅读清洗剂的商品说明；卫生间与浴室的清洗剂也应和其他区域区分使用。

按用途分类!

## 推荐使用的清洗剂

### 小苏打

弱碱性。即使流入水中也不会对环境造成影响，虽然比酸性清洗剂的清洁力差，但性质稳定，温和，不伤肌肤。

### 柠檬酸

酸性。具有分解水垢与漂白粉的作用，常用于清洁水槽周围，同时还具有抗菌、除臭等效果。

### 餐具用清洗剂

餐具用清洗剂主要分为温和的中性清洗剂和抗油污力强的弱碱性清洗剂2种。建议根据污垢的种类，用水稀释后使用。

### 洗涤剂

含研磨因子的表面活性剂。可有效去除团状污垢，但有时会损伤清洁物体的表面。

### 天然无机碳酸盐

弱碱性。可清除皮脂、手垢、油脂、血渍、皮屑等。渗透性强，易溶于水。

# 只需一块毛巾，即可轻松搞定！

> 普通家庭使用的清洁工具，没有烦琐的分
> 类。但是，工具是决定清洁效果的关键。

正如第 24 页所说，家庭清洁无须特殊工具，关键是掌握清洗剂的合适用量，正确使用清洁工具，并善于保养清洁工具。

比如说擦拭清洁，如果只是将毛巾简单搓成一团使用，与按照下一页所说的学习毛巾折叠方法所产生的惊人效果一定不可相提并论。清洁方法应得当，合理使用清洁工具也能做到事半功倍。想要成为清洁达人，就必须掌握清洁工具的有效使用方法与保养方法。下边向大家介绍的是毛巾——一种价格便宜且用途广泛的工具。

毛巾是
适用性
No.1
的工具。

## 一块毛巾就能让家变得整洁

清洁达人会根据毛巾的长度、厚度、大小及材质等
区分使用。

做最基本的清扫工作时，用旧毛巾就能解决问题。不用在
意毛巾是否有残缺或断线，随意用就行。

毛巾最好选择棉质的，不同长度与厚度的可多准备几块。
如厨房用蓝色，起居室用黄色，按颜色区分使用更方便，家人
也不会弄混。

能有效使用毛巾每一面的
### 八层折叠法

　　将毛巾按照八层折叠法折叠后使用。先将毛巾沿着较长一边展开，双手分别
拽住毛巾的两个角，横向对折一次→横向对折一次→纵向对折一次→完成。这
时，毛巾被折叠成手掌大小，加起来共有 16 面，每一面都能用。这样做可以大
幅度减少清洁过程中洗毛巾的次数。

这样做一遍搞定!

## 毛巾的使用方法

### 擦拭平面时
手掌整体用力的毛巾拿法

为了用力得当,尽可能对毛巾整体施加均匀的力量。在伸手可及的范围内,按以下方法拿毛巾,擦拭整体,就能擦拭得干净整洁。

用大拇指压住容易松开的部分。

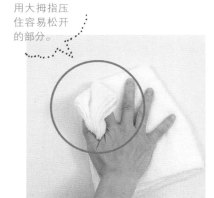

手掌整体贴住经过 8 层折叠的毛巾(参照第 47 页),用大拇指与食指压紧夹住边缘。关键是手掌整体用力,进行擦拭。

### 擦拭边角时
一次擦拭就能毫无遗漏擦拭干净的毛巾拿法

墙壁边角、支柱等边角处较难用力。因此,需要将毛巾纵向对折,绕在常用手中使用,用另一只手拉住毛巾的另一端擦拭。手掌紧贴毛巾,用力效果更佳。

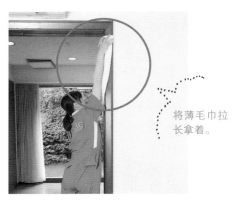

将薄毛巾拉长拿着。

擦拭高处等难以用上力的位置,可将毛巾绕成绳状拿住两端。这样一来,毛巾不会来回晃动,方便好用。

## 擦拭有高低落差地方的毛巾拿法

窗框等有高低落差的地方，要用手指从上方贴紧毛巾，让毛巾与窗框之间没有空隙，来回移动毛巾，保证擦拭干净。

常用手撑起已纵向对折的毛巾的一端，大拇指压紧保持毛巾形状。接着，从食指处开始缠绕毛巾。

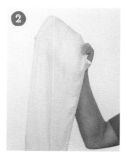

另一只手要拽住毛巾，否则毛巾会如图所示垂下随意晃动。

从侧面看。食指处应裹住两层毛巾，剩余的手指以合适间隔撑开毛巾。

完成。擦拭时使用与手部贴合处的毛巾。毛巾擦脏了立即翻面并重新缠绕，每块毛巾可用8次。

**桌子的擦拭方法**

> 照这样擦拭无死角。

用"手掌"与"手指"擦拭污垢。

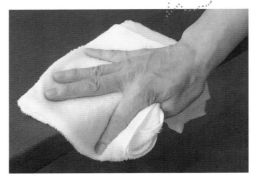

起居室桌子、餐桌上如果残留着汤汁或食物残渣，想必是一件扫兴的事。因为是每天都要使用的场所，所以应掌握最便捷、最有效的擦拭方法。

用大拇指与食指压住桌子侧面，手掌贴住桌面擦拭，可将桌边与桌侧面擦干净。每一边重复擦拭2次。

**桌面分区擦拭更干净！**

双脚分开，与肩同宽站立，将毛巾对折一半进行擦拭，先擦拭桌子的四端与四个侧面。再将毛巾换面，从桌板的内侧向外侧，如箭头所示左右擦拭。这种方法擦拭效果最好，不留死角。如果是较大的桌子，可以对照肩宽，先擦拭一半，再擦拭另一半。

这样拧干
不滴水。

## 毛巾的拧干方法

　　根据拧干方法的不同，污垢的清除方式与效果也会有所差异。如果随意拧干，很可能会擦不干净，或者留下水痕。如果想要充分擦净，就要使用将水分充分拧干的方法——硬拧。

用力握住毛巾，感觉就像是握住棒球棍。

毛巾搓洗后，在基本的 8 层折叠的基础上再折叠一次，叠成 16 层，并拧干。拧干时，不要两只手横着拿毛巾，而应该双手一前一后拿住毛巾，这样更能用上力。

将毛巾拧干成所需硬度后，展开成 8 层折叠。将手背的水擦干即可，注意应避免将水滴落到地板上。

### 这样的拧干方法也行！

**轻轻拧**

轻轻拧出水，在毛巾上保留充足的水分。对玻璃、镜子等需要少量水才能清洁干净的位置非常有效。

**湿拧**

毛巾拧至仍然滴水的程度。对室外干涸的泥土等污垢用水浸湿，能使污垢变得松垮，最终被清除。

**比普通湿毛巾更干，还可省去干擦的过程！**

拧干方法有很多种，但稍带一点湿度的毛巾更便于一次完成擦拭！这就是被清洁达人称为"湿擦"的拧干方法，是在工作中非常好用的技巧。具体方法请参照第 39 页。

## 可以与毛巾搭配使用的工具

橡胶手套

将厨房用手套与卫生间用手套用不同颜色加以区分，避免用错。若是清洁吸油烟机则最适合用一次性手套。

水桶

需准备两个：①存放清洁工具；②混合清洗剂。
①为了方便存放工具，最好使用柔软可变形的橡胶材质水桶；
②为了防止液体溢出，应使用较硬材质的水桶。不用时将两个水桶叠放，节省空间。

**小法宝！**
携带方便的
自制清洁容器

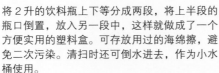

将2升的饮料瓶上下等分成两段，将上半段的瓶口倒置，放入另一段中，这样就做成了一个方便实用的塑料盒。可存放用过的海绵擦，避免二次污染。清扫时还可倒水进去，作为小水桶使用。

橡胶头不能
朝下放！

### 纸巾

用于一次性擦拭清洁、蘸取清洗剂贴在污垢上进行湿布清洁等，不易溶于水，用途广泛。

### 清洁刮

常用于镜面、玻璃、瓷砖面的除水工具。如图所示，橡胶部分朝下放置可能导致老化，应将橡胶部分朝上，悬挂保存。

### 竹片·竹签

天然材料，可刮掉污垢，且无损清洁面。前端有尖角、圆角等不同形状，可根据缝隙的大小及污垢种类，区分使用。

### 报纸·日历

用途广泛，铺在垃圾桶中可防止渗水，还可临时存放刚清除的垃圾，油墨还有去除异味的功效。

### 吸尘器

除了清洁地板，还可用于清除刷子等清洁道具上的垃圾。如果家里同时有卧式吸尘器和便携式吸尘器，还能相互进行保养清洁。

## 合理收纳是轻松清洁的关键

不必强迫自己把家里的东西都清理掉，只要注意 4 个关键，就能使清洁变得轻松许多。

**❶ 将需要使用的物品放在旁边**

将所有物品开放式放置虽然方便取用，但清洁起来会让人头疼。因此，可以将常用物品放在外面，将其他物品收入柜子中。清扫时只要把常用物品放在一个托盘上，即可轻松移动。

**❷ 设置家人的固定物品摆放位置**

家庭成员的物品如果随意放置，不仅使用不便，且不利于建立家庭责任感。因此，可以试着为家人设置专用的置物架、抽屉等空间，并由本人负责管理。一旦位置固定了，取用也很方便。

**❸ 不在地面、桌面等"面"上放置物品**

地面、餐桌等占据房间面积比例较大的"面"比较显眼，对家中的整洁程度影响很大。如果这些面不规整，房间整体会显得杂乱无章。而且如果在地面、桌面上放置物品，清洁时还需要挪动，也增加了不必要的劳动。

**❹ 拆掉物品包装后保存**

东西买来不拆包装保存，也是一种浪费空间的行为。如果将物品从原包装中取出，放入塑料密封袋中保存，就可省大量空间。一旦收纳空间宽裕了，不但取用方便，清洁起来也方便。如果是生鲜食品，还可以在密封袋外标注日期，这样就不会造成浪费。

## 4 分门别类 如同烹饪一样，用专业的工具做专业的事

### 刷洗污垢的海绵擦 & 椰棕刷

**百洁布海绵擦**

柔软的海绵可用来清洁轻度污垢，较硬的含砂百洁布擦洗效果好，且内含研磨粒子。但要注意，含砂百洁布容易弄伤表面带有光泽的物品，使用时应小心。

**腈纶海绵擦**

容易擦掉体脂，适合用于洗漱台或浴室的清扫。需注意，使用后，残留的清洗剂易导致细菌繁殖，所以应用水冲净并及时干燥。

**长柄海绵擦**

用于清洁天花板等手很难直接触碰到的地方或者需要弯腰的地面等。湿擦之后，再裹上毛巾干擦，一种工具可有两种用途。

**纳米海绵擦**

纳米海绵擦也叫魔术擦。用于清洁各种污垢。使用前需浸水，并用毛巾轻轻擦干。需注意，如果用于清洁带有光泽的材料，可能会有磨损。拧干水时用毛巾包裹，双手夹紧沥水，可确保不变形，延长使用寿命。

用毛巾包住后使用，能更贴合凹凸表面。

### 椰棕刷

适合用于柔软海绵擦难以清除或不易被刮伤位置的清洁。使用后需要进行敲打，将清洁后积存在刷毛里面的碎屑纤维等清除掉，并用水洗净。

用薄毛巾包住椰棕刷后使用，特别适合清洁经过压花加工，表面凹凸不平的树脂材料。

### 钢丝海绵刷

内含清洗剂的类型使用更方便。由于清洁力较弱，可用于擦拭容易产生划痕的材质。易生锈，通常是一次性使用。

将毛巾一端包裹住椰棕刷，另一只手拿住毛巾另一端，就可以同时进行湿擦与干擦了。

## 擦洗污垢的抹布 & 百洁布

### 超细纤维抹布

绒毛长度与硬度可任意选择。适合不想留刮痕或细微部分的清洁。使用时可根据环境与用途，用不同颜色区分开来，既方便管理，又不易弄错。

### 百洁布

清洁工作中常用百洁布。形状可自由折叠，最适合清洁坐便器的边角与刷子的缝隙等地方。主要分为含研磨粒子与不含研磨粒子两种，使用方便。

### 含砂百洁布

加入人工金刚砂作为研磨粒子，浸水后可有效擦洗污垢。根据种类，可用于擦拭镜面油污、金属部分的水垢等，由于种类不同，应阅读说明书后使用。用中性清洗剂会增加泡沫与润滑效果，可避免划伤物体表面。

# 刮擦污垢的扫帚 & 刷子

**长柄扫地扫帚**
不用弯腰就能清扫地面，裹上毛巾能擦得更干净。手柄可以伸缩，有的扫帚头部还能替换新的扫帚头或墩布头。

裹上毛巾使用的万能工具！

清洁地面毫不费力！

**浴室用刷子**
选择柔软易弯曲的类型，可深度清洁台阶、边角等地方，还可用于清洁保养其他工具。

**牙刷**
分为软、硬两种，尺寸大小各有不同，根据环境与污垢种类区分使用。酒店的一次性牙刷也可以留着备用。

**刷子**
粉刷工具，也可用于清扫家具、布制品等上面的灰尘。可清除不含水分的污垢，适合在不能湿擦的地方使用。

## 十元店的简单好用"专业小工具"

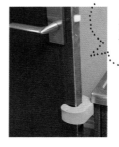

清洁时还能保持通风。

### 门窗安全夹

夹在门或玻璃窗上，使门窗无法完全关闭的工具。密闭性高的公寓等地方，有时会因风太大等原因导致门窗被突然大力关闭，这种工具可防止门窗因突然大力关闭导致损伤与破坏。

防止因接触清洗剂而受损。

### 手持小刷子

用手掌从上方握住使用，易于施力，与被清洁面贴合度高。比起长方形的刷子，手持小刷子更适合手劲小的人。

### 镊子

能伸入到细小缝隙中夹出垃圾，前端还可用于刮掉水垢。但如果镊子前端拉开得过大，会刮擦表面，因此最好用橡皮筋缠绕束缚住前端。

### 防潮保护膜

集密封膜和养护膜于一体的产品。可保护打过蜡的地板与不宜接触清洗剂的物体表面。

适用于手指
宽的间隙！

### 超细纤维清洁手套

套在手上使用，易于清洁物体的细微部位，一遍就能轻松搞定。可用来擦拭百叶窗上下面，快捷有效。还可套在橡胶手套外面浸水使用，擦玻璃效果最好。

### 男士内衣

将不穿的旧内衣剪成方形，折叠在一起使用，可清洁细微部位的污垢。如果用来擦拭皮革制品或油漆过的家具，会使其更显光亮。

方便
小工具

## 酒店的一次性用品也能成为清洁小工具

### 一次性浴帽

清扫较高的地方时，戴上浴帽可防止灰尘落到头发上。而且浴帽还能当垃圾袋使用，用来存放灰尘、头发等垃圾，随用随扔。

### 一次性肥皂

如果想要去除一两处细微的斑点污垢，一次性肥皂就能派上用场了。只需用牙刷刮擦两下肥皂，再来回刷几下脏污处，简单清洁就可完成。

## 清洁工具的清洁与保养方法

如果因为清洁工具便宜就不爱护的话，就无法发挥工具应有的功效。

橡胶手套

❶ 将具有杀菌效果的清洗剂倒入水桶，溶于水中。戴上橡胶手套伸入水桶中，两手相互揉搓。

❷ 表面清洗干净后，将手套内侧翻转出来，浸入水中揉洗。之后，再换水清洗一遍。

❸ 往手套中装水，拧紧手套口将空气往里挤压，直至水达到指尖（这样做还能检查手套有无裂口），然后再从指尖部分开始挤压，将水分挤出来。

晾干方法也很重要。

将洗干净的橡胶手套挂在通风好的地方晾干。用夹子夹住两个中指悬吊，这样可防止手指或手腕部位出现褶皱。

竹签

百洁布

刷子

竹签、竹片、竹筷破损后，可用美工刀削整齐，削尖前端的方法就是小时候削铅笔的方法。

可用浴室刷擦洗百洁布，除掉其表面缠绕的毛发与灰尘。

可用细密的梳子伸入空隙，清洁毛发与灰尘。同时还可清除受损弯折的刷毛。

### 将清洁工具按清洁环境收纳放置，取用更快捷

将刷子、百洁布等清洁工具按种类集中收纳的情况较多。但是，这里推荐采用按清洁环境收纳的方法，如"厨房用""浴室用"等。在我家，镜子周围一定准备着百洁布，且就收纳在附近。创造一旦发现不干净就立即清洁的条件，这是顺手清洁的精髓。

专栏

## 妥善保护人与物，专业清洁安全第一

清洁过程中造成的事故、受伤情况出乎意料的多。

对清洁达人来说，清洁中最重要的是保护人与被清洁物品的安全。

**不仅是手部运动，清洁时要运动全身**
清洁时不能只靠手的移动，而要从肩部开始移动身体，这样做，擦拭、清扫时更容易用力。

**不要忘记关闭家电电源**
如果清洁时家电的电源开着，误操作可能导致触电危险。所以，清洁前务必确认关闭电源。

**清洁时找到身体依托**
看不清的水渍、污垢附着在器物表面会打滑，因此清洁时应一只手抓住可依托的物体，保持平衡。

**非清洁场所的保养**
不弄脏非清洁范围是专业清洁人员的职责。用防潮保护膜等仔细保护非清洁场所是最节省时间及精力的清扫方式。

**清洁标配：长袖 & 活动方便的服装**
因为清洁时会接触到清洗剂，也为了减小万一从高处跌落时受到的冲击，即使在夏季，也最好穿着长衣长裤清扫。应以活动方便为前提，不要穿裙子或牛仔裤。

第3章

# 保持舒畅好心情!
## 做好厨房 & 客厅的清洁

如果与家人在整洁的环境中共度美好时光，不但能放松心情，还能消除疲劳。

本章将分别介绍每天需要做的重点清洁和发现污垢时需要做的彻底清洁。

洗餐具时，顺手也把水槽清洗一下吧。如果每天顺手清洁，即使不单独用清洗剂清洗也没问题。别忘了水槽内侧边角也要用毛巾仔细擦拭一下。

擦洗水槽整体。

若是排水口处残留黏液，时间长了就会散发出异味。能每天仔细清洗排水口处当然最好，但如果实在没有时间，可以在清洁完排水口之后倒入 1 小匙厨房漂白剂。

厨房漂白剂

清洁排水口。

油汁、酱料溅落较多的地面应每天擦拭，但如果厨房面积较大，每天清洁起来实在辛苦。所以，建议在尽可能的范围内，擦拭油汁、酱料经常溅落的位置。

擦拭地面。

烹饪食物的地方，需要花点儿心思仔细清洁！

如果有污垢存留，每天清洁也会变得没有积极性！

## 厨房清洁 8 大基础知识

为了提升顺手清洁的效果，有些清洁知识最好提前掌握。

最基本的就是，"弄脏之前下手"。

**1** 从位置上大致可将容易出现污垢的地方分为"用水周围""用火周围"及"墙壁和地面"，无论是哪个位置，都应有效抑制各种污垢产生。

用水周围

**黏液**
排水口、三角篮等湿气较多的位置容易滋生霉菌、细菌等微生物。且细菌滋生的速度很快。

**白色水垢**
自来水中所含成分水分蒸发后残留的白色固体，在水龙头等金属配件上常见。

**食品污垢**
蔬菜碎屑，咖啡、牛奶等饮料溅汁如果不及时清理，就会导致霉菌或虫害。

**霉菌**
在湿度高的环境下，油脂、污垢等很容易成为霉菌的养分。冰箱内制冰室盒子与冰箱门上的密封条也会繁殖霉菌，每周需要检查一次。

**泛黄**
如果水槽内残留茶、咖啡等液体，会导致不锈钢泛黄。这是只用清洗剂无法完全清除的污垢，非常顽固。

**暗垢**
门把手与开关面板等容易沾上皮脂污垢的位置会渐渐失去光泽，变得暗沉。

**生锈**
即使是抗锈性强的不锈钢水槽，如果放置钢丝球等金属制品，也可能会沾上锈迹。

## 用火周围

### 焦炭污垢
灶台周围沾水的油渍等污垢遇热会黏结，硬化后会炭化。经过一段时间，就变成了顽固污垢，很难清除。

### 油污
烹饪时油污容易残存在吸油烟机、灶台周围。与空气接触几个月后这些油污会固化，变得难以清除。

### 黑斑
不锈钢、塑料制品上容易出现。接缝中使用密封胶的地方也会产生黑斑。

### 手垢
灶台的开关等手经常触碰的位置沾上的皮脂污垢。因为含有油脂成分，黏结后难以清除。

### 餐具清洗剂用水稀释后使用
餐具清洗剂用水稀释，起泡后适用于厨房整体清洁。但如果调制稀释完成后不用，可能导致细菌繁殖。因此，每次需要使用前调制稀释即可。

## 墙壁和地面

### 灰尘
空气中漂浮的灰尘会落到地面和墙面。沾上油渍或水分后，会形成顽固污渍。

### 油污
吸油烟机周围的墙面、灶台附近的地面容易附着一些难以发现的油污。这些油污干燥后，会变成难以清除的顽固污垢。

### 食物残渣
烹饪过程中，调味料等容易溅到灶台旁边的墙面。落到地面的食物残渣会导致虫害。

### 水滴无残留！每次
### 使用时擦拭，保持清洁！

烹饪或清洁中必须使用水的厨房，保持不残留水渍是清洁关键。如果有水渍残留，金属部分会出现水垢或生锈，墙面会滋生霉菌，最终导致污垢及损伤。而且，水垢可能产生细菌等，对健康不利。为了避免产生连锁污垢，必须先杜绝水渍！因此，把百洁布放在旁边，仔细擦拭吧！

### 保持厨房干净整洁，
### "通风"是关键！

在需要用水的厨房，需要注意肉眼看不见的湿气。烹饪开始就先打开吸油烟机，烹饪结束后再让吸油烟机继续运转90分钟。如果只在烹饪过程中运转，厨房内会残留水分与油渍，易产生污垢。如果厨房没有窗户，最好专门安装一个排气扇，以保证空气流通。灶台下方、抽屉、柜门等不用时也要打开，保持良好的通风。

### 排水口＆地漏，
### 注意易产生气味的位置！

排水口与地漏周围容易产生气味。解决此问题的关键就是每次使用时清洗。如果在气味变得顽固前进行清洗，不需要花很多时间就能保持干净。即使刚开始觉得麻烦，如能每天洗餐具时顺手做一下，渐渐就会形成习惯。掌握高效的清洁方法，几分钟就能解决问题。如果发觉到明显的异味再动手，就已经迟了。

### 水槽、水龙头，
### 保持光亮如新！

不锈钢水龙头与水槽等厨房中显眼的金属部分如果弄脏，会让厨房整体显得脏旧。特别是水槽周围的水垢与肥皂碎末等，如果放任不管，会产生很多难以清除的污垢！虽然每天擦洗有些麻烦，但其实这是最好最省力的方法。所以，保持五金件光亮是营造整洁厨房的关键。

## 6

### 用报纸 + 宣传单包住垃圾，然后扔掉！

带有水分的垃圾的处理令人头疼，我会将两张报纸折叠成袋状，放入垃圾桶内侧，底部铺上宣传单。报纸与宣传单的油墨能够发挥除味、除湿的效果，抑制细菌繁殖。而且因为含有油墨，不易漏水。清洁过程中将报纸展开放上垃圾，最后包住扔掉，也很方便。

## 7

### 砧板、菜刀、沥水篮等工具，应仔细除菌！

使用过的工具一定要清洗，而且应除菌并保持清洁。每隔一天，我都会将餐具连同厨具一起放在厨房漂白剂中浸泡一下，再用水洗干净。还有最容易忽视的沥水篮也要这样处理，因为沥水篮中只要放入餐具就会沾到水，放置一天沥水篮就容易变得黏答答。漂白之后，把沥水篮和托盘立起来，不要重叠，让其充分干燥。

## 8

### 尽可能及时清洁！

在烹饪一开始就进行清洁。比如，特别容易散发气味的鱼类，在烹饪前解冻时应用纸包住放入塑料袋中。刚用完的餐具应尽快浸泡在已倒入清洗剂的水中。气味会随着时间推移而增强，因此尽早处理是关键。如果延后处理，则需要添加除味剂，反而会花费更多时间与成本。

## 偶尔的彻底清洁——厨房水槽

日常生活中，如果一发现污垢就及时清洗，仅用清洗剂就能保持清洁。

用一面是百洁布的海绵擦的软面抹洗，再用硬面刷洗。

偶尔的彻底清洁按照以下顺序进行即可。

用报纸包住。

**1** 扔掉排水口和三角沥水篮里的垃圾

套上橡胶手套，先大致清洁排水口的过滤网和三角沥水篮。用报纸包住厨余垃圾，待吸收其水分后立即扔进垃圾箱。

**2** 清洗三角沥水篮、清洁用品架和排水口的过滤网

一边用流动的水清洗三角沥水篮、海绵塞和排水口的过滤网，一边用海绵擦清洗，清除剩余的细小垃圾。

**③ 淋湿水槽**

为了让清洗剂可以充分渗透，先将水槽整体淋湿。水龙头等无法淋湿部分用海绵擦蘸上水，涂抹整体。

**④ 清洗排水口的零件**

排水口处过滤网以外的其他可拆卸零件也应拆下来进行清洗，难以清洁的部分可用热水清洗。排水管中也要用海绵擦清理。无法触到的里侧可用长柄刷，细小部位用牙刷进行刷洗。

**⑤ 抹洗水槽**

将海绵擦全部浸泡于中性清洗剂溶液中。然后在海绵刷较为柔软的一面挤出一些溶液，再轻轻抹擦水槽四周、内侧、底部及水龙头，应全部涂遍。

**⑥ 浸泡排水口的零件**

在水桶中装入 3 升水，将 20 毫升清洗剂倒入水桶中，使其充分溶于水并产生泡沫。将三角沥水篮、海绵塞、排水口的零件放入桶中，充分浸泡。所有零件要完全浸入液体中。

**⑦ 清洗水槽底部和四处边角**

以画圆圈的姿势，擦洗最脏的水槽底部。但排水口周围应最后清洁，此时先不做处理。

**❽ 抹擦排水口附近和水槽内侧**

如果清洗剂流入排水口周围，就用海绵擦较硬的一面以画圈的姿势擦洗。最易弄脏的水槽内侧边缘部分也要用海绵擦的硬面擦洗。擦洗内侧边缘时，将海绵擦从侧面使用更容易用力，也方便清除污垢。认真找到污垢，仔细擦洗干净。

**❾ 包住弧形部分进行清洗**

水龙头等弧形部分，用海绵擦柔软的一面包住，贴着弧面擦洗。单手进行擦拭时会用力过度而不好持平衡，应用另一只手扶住台面。

**❿ 用牙刷清洗水龙头的细微部位与排水口边缘**

将牙刷上蘸上泡沫，擦洗水龙头底部与开关的细小部位。排水口边缘高低不平的地方也应用牙刷擦洗干净。

**⓫ 清洗排水口里侧**

将海绵擦中存留的泡沫挤到排水口处，用牙刷清洗排水口里侧。擦完后，用水流洗净泡沫。

**12 清洗水槽的边缘部分**

以画圆圈的姿势，用海绵擦的硬面擦洗水槽的边缘部分。此时，另一只手应拿着毛巾垫在下方，以免清洗剂滴落。接着，打开水槽柜体的门，用海绵擦沿着水槽边缘继续清洗。最后，用毛巾擦净。

**13 用湿毛巾擦净水槽、水龙头上的泡沫**

用拧干的毛巾擦掉水槽里外的泡沫。然后，用比较湿的毛巾擦拭水龙头周围和水龙头，擦净泡沫。

**14 清洗三角沥水篮和海绵塞**

将浸泡过的三角沥水篮等放入水桶中，用海绵擦轻轻擦洗，然后将排水口的零件放回原位。将三角沥水篮和海绵塞用水冲净后，放在水槽中铺设的毛巾上控干水，用毛巾擦拭后放回原位。

**15 最后擦拭水槽四周**

用力拧干毛巾，最后擦拭水槽周围。一只手拿住四层折叠的毛巾，另一只手滑动擦拭，可保持毛巾形状稳定，擦拭干净。附近如果有窗口、开关面板等，可顺手擦拭干净。

**不烦不累扫一屋**
——世界一流清洁大师教你如何"顺手"做清洁

**⑯ 最后擦拭一遍**

最后，用拧干的毛巾擦拭排水口周围、水龙头及水槽内侧，不要留下水渍。

边边角角光亮如新！

无异味！
不变色！

## 用钢丝擦去除水槽内侧的泛黄污垢

不锈钢表面若有泛黄污垢残留，可以用钢丝擦仔细刮擦。以画圆圈和直线的交替姿势来回擦洗，可避免不锈钢表现留下刮擦痕迹。最后，用毛巾湿擦一遍，即可光洁如新！

## 水龙头上难以清除的细微污垢

将中性清洗剂直接滴在水龙头上，将湿毛巾对折包住竹片，从上往下刮擦。竹片无法伸入的细微部位可用牙刷擦洗。

## 偶尔的彻底清洁——灶台

对付炉灶油污、焦炭等这些让人头疼的污垢，其实只要用湿布蘸上清洗剂盖住污垢，待污渍软化即可顺利清除。如果是顽固污垢，可以用竹片或其他清洁工具仔细清除。

**❶ 小零件用水浸泡，
用清洗剂喷洗燃气灶支架！**

将可拆卸的小零件放入清洗剂溶液中浸泡。将毛巾铺在灶台上，用来放置燃气灶支架。将弱碱性清洗剂溶解于水，调制成 10% 浓度的清洗剂溶液，喷洒燃气灶支架，然后再用毛巾包住支架，放置一会。

**❷ 清除严重污垢，
把纸巾作为湿布**

如果支架上的污垢特别严重，我们可以用纸巾包裹住支架，再喷洒清洗剂溶液，之后再用毛巾包住。

**❸ 用纸巾保护灶头周围**

清洁灶台前，应先用竹签将纸巾塞入灶头出气口内侧，避免清洗剂流入灶头。外侧的孔也要同样塞住。

**④ 抹擦灶台整体**

用清洗剂溶液对灶台整体进行喷洒,用钢丝刷或其他清洁工具擦洗灶台表面。擦拭时不仅用手部力量,还要通过肩部施力,这样更易于用力。

**⑤ 用竹片剔除焦痕**

烧焦了的污垢如果不及时处理则很难清除,需要用竹片等工具刮掉污垢后再进行水洗。完成之后,再整体进行水洗。

**⑥ 擦洗浸泡过的零件**

用百洁布擦洗浸泡过的零件。为了避免划伤,擦洗时不要过于用力。

**⑦ 用水冲洗零件,然后晾干**

水洗零件时将使用过的百洁布一起清洗干净,可防止百洁布变硬。然后,将零件放在毛巾上晾干。

**⑧ 擦洗燃气灶支架,
然后晾干**

用竹片刮掉燃气灶支架上的结块污垢后,用百洁布沿着灶台的曲线进行擦洗。较细部位用百洁布从两侧包住后更容易清洗。水洗后用毛巾擦干,立起晾干。

专栏

# 新津式灶台清洁术

为避免不用时弄脏燃气灶，清洁干净后应该将燃气灶支架拆下来放在燃气灶附近，使用时安装上也很方便。并且，清洁燃气灶的秘诀是使用后趁着燃气灶尚存余温时就将它清洗干净。灶台之所以清洁起来比较麻烦，就是因为时间越久，污垢越顽固，最后变得难以清除。如果在使用后立即用毛巾擦洗表面，就能轻松擦洗干净了。这个步骤只需 1 ~ 2 分钟，我在吃饭前就能轻松解决。其他部件在晚餐过后与餐具一起清洗即可。

此外，排烟口清洁后如果长期敞开不处理，可能会进入蟑螂等虫子，而且灶台内部也有无法清洁的位置，因此，直接阻挡住污垢进出口是最好的对策。

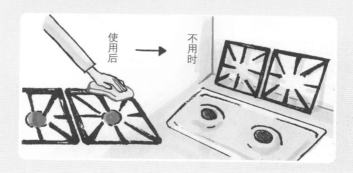

## 偶尔的彻底清洁——烧烤炉

清洁油污严重的烤架时，使用针对性清洁工具效果会更好。充分清洗并晾干后，异味也会消失。

**1 钢丝刷 + 清洗剂擦洗**
用蘸了弱碱性清洗剂的钢丝刷清洗烧烤架。擦拭有金属镀层的网面时应控制力度，以免损伤镀层。

**2 清洗后充分干燥**
同样，托盘也要用沾过清洗剂的百洁布擦洗。而且，洗净后要完全干燥才能放回原位。

**3 用百洁布擦拭开关周围**
将百洁布的一面用 10% 浓度的弱碱性清洗剂溶液浸湿，先涂匀烤炉外面，然后轻轻用力擦洗。再将百洁布翻面，以画圆圈的姿势擦洗开关周围。再将浸湿的毛巾缠绕在食指上，擦拭开关。

**④** **用裹着毛巾的牙刷**
**清洁细小部位**

用蘸了清洗剂的毛巾裹住牙刷，轻轻用力擦拭开关。对于开关间隙处与细微部位，可以解开毛巾，用牙刷直接擦拭。

**⑤** **对整体进行湿擦 & 干擦**

使用毛巾没有蘸到清洗剂的部分，对烤箱整体进行湿擦。开关等圆形部分可以用毛巾包住再进行擦拭，更容易贴合。

## 用百洁布 & 毛巾清洁 烧烤炉的排烟口

有些家庭有烧烤炉，擦拭方法和烤箱是类似的，但烧烤炉有无法拆卸的排烟口，可以用蘸了清洗剂的百洁布擦洗表面。注意要轻轻用力，避免清洗剂进入排烟口内部。

擦拭开关里侧

开关底部弄脏后，可取出电池并按动开关，将污垢挤出并擦拭。

## 偶尔的彻底清洁——吸油烟机

清洁含大量油污的吸油烟机主要有三个步骤：清灰→擦清洗剂→擦拭。吸油烟机位于高处，清洁时要注意安全。

**1 铺上报纸以保护周围**

清洁吸油烟机过程中会产生落灰，因此需要在吸油烟机正下方的灶台及周围铺上报纸或宣传单，这样可以起到防尘作用。丢弃时沿着四边向中央折叠，包起来整个丢弃即可。

**2 湿擦清灰**

用拧干的毛巾（参照第51页）分区擦拭排气扇外壳表面，清除灰尘。用力过度会导致灰尘黏附，因此应轻轻用力。边缘及周围的墙面也同样擦拭干净。

**另一只手扶住支撑物，以防跌落**

左右来回擦拭时，身体难免会产生大幅的晃动。清洁过程中应一只手扶住稳定的支撑物，以免身体晃动。

**③ 均匀涂抹清洗剂**

将毛巾放入中性清洗剂溶液中，浸泡后轻轻拧干，分区擦拭。接着，以画圆圈的姿势擦拭，充分抹匀清洗剂，边缘及墙面也要同样擦拭。特别脏的地方用浸过清洗剂的海绵擦处理。

**④ 用湿擦 & 干擦
做最后处理**

用轻轻拧干的毛巾湿擦吸油烟机表面、边缘及墙壁。以轻轻画圆圈的姿势来移动毛巾，按由上至下的顺序擦拭，这样一次就可以将整个吸油烟机外壳清洁干净。然后要进行干擦，以免留下水渍。

### 吸油烟机的拆解清洁
### 最好交给专业人员

吸油烟机内部的清洁方法虽然常有耳闻，但建议还是交给专业人员处理。虽然拆开吸油烟机很简单，但重新装好却很难。而且，如果用力拉扯连接各零件的轴承，可能会引起机器故障，花费更多的维修费。所以，吸油烟机的表面清洁可自行处理，内部清洁最好还是交给专业人员。

### 高处清洁
### 应注意避免意外受伤！

清洁高处时，不慎跌落的事故层出不穷，有的甚至危及生命，因此应提高警惕。使用梯子时，应将梯子放置于平稳的地面，先单脚站上第一级台阶确认是否晃动，接着顺势登上。

## 偶尔的彻底清洁——厨房地面

厨房地面容易沾上含水渍或油渍的污垢，应仔细擦拭。先确定一个小范围开始擦拭，这样可以减轻疲劳感。

**❶ 喷洒清洗剂水溶液**

用吸尘器清洁整体（参照第 92 ~ 93 页）后，将 10% 浓度的弱碱性清洗剂水溶液喷洒于地面。喷洒时另一只手应拿毛巾挡一下，防止溶液乱溅。

**❷ 分区湿擦**

以肩宽或是手能触及的范围为标准决定清洁范围，用毛巾分区（参照第 50 页）进行湿擦。

**❸ 用无含砂粒子的百洁布擦洗弄脏的地方**

湿擦无法除掉的污垢，用蘸了清洗剂溶液的百洁布再次擦拭。

**❹ 湿擦**

换毛巾面，用未沾取清洗剂的部位再分区湿擦。

❺ 用竹签 + 毛巾擦拭边角

清扫踢脚线等边界时，可用蘸过清
洗剂的毛巾包住竹签，塞入其中进
行擦洗。

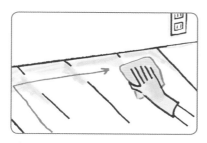

❻ 最后干擦

用毛巾分区干擦，擦出光泽。

## 擦地板时以身体轴线为中心，以肩宽为范围

擦地板时如果想一口气从这边擦到那边，会很容易疲劳。从自己的正面以肩宽确定范围，更容易擦拭，且容易施力。为了避免腰痛，另一只手应始终撑着地面。很多人会以画圆圈的姿势擦拭，但这样会产生擦拭痕迹。所以，应分区从内侧开始擦拭，防止漏擦。

## 厨房地面不同材料说明

有的家庭厨房地面使用树脂类材料。这种材料表面凹凸起伏，容易存留污垢。有的家庭使用瓷砖等材料，这种材料上污垢如果太明显，可用清洗剂直接擦洗。有的家庭使用实木地板，打上蜡之后不易沾染污垢，可保持一段时间。

## 偶尔的彻底清洁——冰箱

因为冰箱是存放食品的场所,应尽可能用小苏打进行无公害清洁。

冰箱需要严格除菌,并进行卫生管理。

**1** 用小苏打水湿擦

按每升温水中加入 2 小匙小苏打的比例,溶解调制小苏打水。将毛巾浸泡在小苏打水中,拧干后擦拭冰箱门与把手。

**2** 浸泡冰箱内各组件

将可拆卸的配件拆下,放在小苏打水中浸泡,待污垢软化之后用海绵擦刷洗干净。

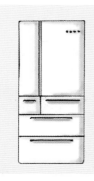

**清洁冰箱的过程,**
**也是清理库存与确认温度的过程**

确认临近保质期的食品与密封容器中存放的食品,需要尽早吃完的放在冰箱门附近,避免忘记。在我家,我还会经常确认冰箱的温度。为了省电也可以挂上门帘,避免拿取物品时损耗冷气。

**3** 冰箱内铺上报纸
以保持整洁

在冰箱的隔板上铺上报纸，可
以防止食品的汁水等污垢污染
冰箱，还有除臭效果。一旦发
现污渍就可以立即更换报纸。

**4** 制冰器拆解
后定期除菌

制冰器与供水零件容易滋生霉
菌，应多加注意。清洗干净后
应待其完全干燥，再放回原位。

**5** 外侧干擦保持光洁

最后再干擦一遍冰箱表面。从
两侧用毛巾包住冰箱把手进行
擦拭，细微部位用毛巾裹住竹
签进行擦拭。

## 做好预防冰箱异味
## 与污垢的措施

冰箱的侧边和背面应远离墙壁，避免
滋生霉菌或虫害。冰箱顶部容易沾染
油污且不容易擦拭，所以应铺上报纸。
冰箱内部容易渗入气味，建议将咸菜
等气味强烈的食品分装于密封袋中，
再放入瓶中盖上盖子保存。

## 偶尔的彻底清洁——橱柜

餐具取放频繁，不容易存留灰尘。需要注意的是，清洁时应避免划伤。

**能有效保护餐具的措施**

将塑料垫垫在橱柜隔板上，对橱柜进行保护，不但可以防止被污垢弄脏，还可以防止划伤餐具与置物柜。

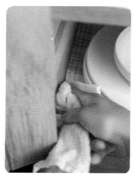

**用竹签 + 毛巾清理缝隙**

对于餐具和置物柜间的缝隙处，可以用裹着毛巾的竹签伸进去擦拭，这样可以将比较深的地方打扫干净。

**清洁中使用的海绵类工具也要充分除菌**

即便清洁工作已完成，但如果清洁工具本身含有大量细菌，会导致细菌被再次转移到烹饪工具上。因此每次使用海绵类清洁工具后，应该将工具浸泡在厨房漂白剂溶液中，充分除菌。待其完全干燥后，再进行使用。

## 偶尔的彻底清洁——厨房家电

使用频率比较高的家电，如果妥善保养就能够保持较好的效率与外观。

烤箱不用时用布盖上，防止落灰。

### 微波炉

使用完微波炉后，在热气未完全散尽的状态下，用湿毛巾擦拭炉内和门内侧。然后，打开微波炉门直至自然冷却，这样也不会有气味留存，待完全冷却之后关上门即可。

### 电饭煲

为了避免电饭锅排气孔堵塞，可以定期用棉棒或牙签仔细清理排气孔。电饭煲外壳可用毛巾进行湿擦，内胆用百洁布进行擦洗。内盖则需要拆除后对其进行水洗并定期消毒。

### 烤箱

使用后立即拆下托盘等零件，浸泡在水中清洗。在热气未散尽时对本体的外侧湿擦，冷却后关好门。烤箱无法拆解清洁，所以预防清洁很重要。

### 电热水壶

可以在电热水壶下方铺一块毛巾，用竹片或竹签刮擦出供水口处的漂白粉。对电热水壶的外侧与把手进行湿擦，并用蘸过小苏打水的毛巾擦拭后继续湿擦。如果电热水壶的盖子可拆卸则定期拆下来，在小苏打水中浸泡后用水冲洗干净。

新津的
秘诀

## 轻松打扫客厅的"顺手清洁"

　　家人每天大部分时间都在此度过，因此尽可能不留下污垢。

　　地面、桌面等面积较大的地方，顺手清洁就行！

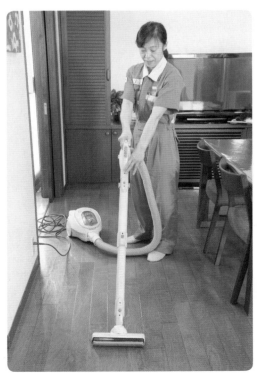

**1** 清除地面灰尘

用吸尘器仔细清洁地面，因为地板上的灰尘特别明显，需要顺手保养。

**2** 擦拭桌面

除了用餐以外，客厅桌、餐桌不放置任何物品。请参照第 50 页的方法擦拭桌面。

**3** 检查沙发的污垢

皮革等天然材料的沙发如果受潮并放置不管，可能会出现褶皱甚至开裂。所以，应经常检查有无类似异常。

**4** 清除靠垫的灰尘

先检查靠垫上有无灰尘，如果靠垫上沾上了灰尘，请使用吸尘器清洁。

**5** 检查电视机上的灰尘

戴上超细纤维手套，对电视机屏幕进行干擦。凹凸部分则用手指贴紧，以清除细微部分的灰尘。

**6** 检查电器产品的手垢

检查遥控器、固定电话、门控可视对讲机等经常接触的小物品是否存在手垢。

## 偶尔的彻底清洁——地板 & 地毯

地板容易存留灰尘，应及时清洁。

狭小的房间每天可清洁 1 次，地毯与地垫可用小苏打清洗并消除气味。

地板

使用吸尘器的专业秘诀

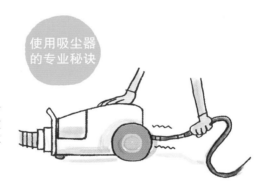

**电线全部抽出**

如果电线未全部抽出，清洁时有被拉扯受伤的危险。使用前将电线全部抽出，并拉直保持整齐。

启动

**按吸尘管可拉伸的范围分区清洁**

不要试图一次完成较大范围的清洁，以吸尘器的管子正常拉伸距离为准，分区进行清洁更方便。可以米为单位移动推进。

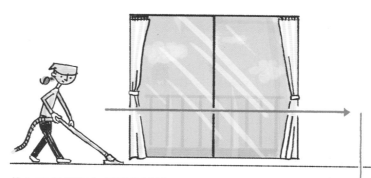

### 从入口处慢慢向里进行清洁

为了提高清洁效率，先将地面摆放的物品收拾干净。吸尘器先从入口附近空间开始，慢慢向里面推进。如果房间内有充足的插座，可分区进行清洁，只需重新插电源线即可。最后返回入口附近，整个清洁线路以入口为开始，绕房间一周。使用吸尘器时，以自己身高的一半作为一个来回，按前后 5 秒左右为标准进行清洁。速度太快或用力太大，都会造成清洁不彻底，且要承受更多不必要的吸尘噪声。

### 始终将吸尘器拖动至身边

如果不拖动吸尘器，仅移动吸尘管，吸尘器可能会在墙角或转角位置碰到家具等物体。所以，应始终注意将吸尘器拖动至身边，小心操作。

### 拖动时注意电线

拖动吸尘器时要注意电线，随时确认电线是否松脱等。如果用力扯拽，可能会导致断线或短路，带来危险。

**使用地板擦的专业秘诀**

## 用毛巾包裹地板擦

即使没有地板拖把头，只需用毛巾包住地板擦（参照第59页）就一样可以清扫。按10毫升中性清洗剂兑3升温水的比例调配溶液，将毛巾浸泡后拧干。将毛巾对折之后倾斜放在地板擦上，沿着四角包裹住地板擦，用橡皮筋缠绕打结。如果端头有所松动，可用夹子等固定。

不用弯腰！

### 从远离水桶位置向着水桶方向擦拭

从远离水桶位置向水桶方向擦拭，这样清洗毛巾就更省力。不用弯腰，伸开背部，脚距同肩宽（可以减轻身体负担），按由近及远、由远及近的顺序往返擦拭。下一次移动时，要和上次打扫的地方大约重合3厘米左右，防止漏擦。并且，注意不要踩踏已擦拭过的位置。

### 由近到远擦拭边缘部分

擦拭边缘部分（与墙壁相接位置的地板）时，应将地板擦掉转成纵向（与身体前后方向平行）进行前后移动，从近处至远处擦拭。如果按相反方向擦拭，可能会踩到刚被擦过的位置。

## 地毯　※ 限不可揉搓清洗的情况

### 绒毛比较长的地毯可用棕刷使绒毛充分立起

先用棕刷刮擦地毯，将进入地毯的垃圾、灰尘等刮出。刮擦时，应逆着绒毛植入的方向进行。

### 用浸泡过小苏打水的毛巾擦拭表面

将毛巾浸入到小苏打水中，然后拧干。按基本的 8 层折叠法折叠之后（参照第 47 页）再横向对折（16 层折叠法），用手指压住地毯边缘，轻轻擦拭表面。从绒毛立起的一侧开始，横竖交替进行擦拭。毛巾从边缘向内侧移动擦拭。

### 使用吸尘器时注意绒毛

用吸尘器清洁地毯时，应逆着绒毛植入的方向移动吸尘器。用脚踩住地毯，由近及远移动吸尘器。完成一列的打扫之后，再开始下一列。

### 绒毛内侧用棕刷包裹毛巾擦拭

将毛巾洗净并拧干，竖向对折一次。将棕刷纵向放在毛巾上并卷起来（参照第 57 页），一只手以画圆圈的姿势仔细擦拭地毯绒毛内侧。然后，用干毛巾包住棕刷干擦一遍，或者待其自然干燥。

## 偶尔的彻底清洁——沙发

沙发或椅子表面的保养方法因材质而异，皮革产品特别需要注意。靠垫也要用相同方法保持整洁。

### 布艺沙发

**1 将吸尘器的头部拆下吸尘**

用衣服刷清扫布艺沙发表面的灰尘，用手持吸尘器或拆掉头的大型吸尘器进行清洁。布艺沙发的边角部分很容易积聚灰尘，清洁时需要特别注意。

**2 用小苏打水去除异味和杂菌**

用温水溶解小苏打，将毛巾弄湿后用力拧干。包住棕刷，以画圆圈的姿势擦洗沙发表面。扶手处特别容易沾上皮脂或手垢，应仔细擦拭。

### 人造皮革沙发或真皮沙发

**1 用拧干的毛巾擦拭**

用极少量水溶解中性清洗剂，将毛巾浸泡后用力拧干。为了避免水分渗透至皮革里面，要尽快擦拭。

**2** 用小苏打水去除
异味和杂菌

用温水溶解小苏打，将毛巾弄
湿后用力拧干。包住棕刷，以
画圆圈的姿势擦洗沙发表面。
扶手处特别容易沾上皮脂或手
垢，应仔细擦拭。

**3** 涂上皮革护理剂进行保养

涂上皮革制品专用的护理剂，可以
起到保养沙发的作用。

## 偶尔的彻底清洁——窗帘

容易积存灰尘的窗帘，应该在每年春季与秋季进行清洗。

而且，如果房间通风不良，窗帘还会吸收气味。所以，应该保

持日常通风的好习惯。

**1** 清洗前先除尘

直接清洗窗帘需要花很长时间才能
洗干净，因此应先对窗帘实施除
尘。将窗帘拿到阳台，戴上口罩用
刷子除尘，也可以用吸尘器先吸一
遍灰尘。

**2** 清洗后晾干

为了防止走形，应将窗帘折叠后放
入清洗毛毯的大洗涤网，再放入洗
衣机中，用洗涤剂浸泡，选择大件
模式清洗，窗帘衬里也要浸泡后清
洗。最后，将窗帘吊回原处晾干。

## 偶尔的彻底清洁——遥控器和电话等

为了避免清洗剂进入按钮多的电器产品内部，应小心擦拭，避免留下污垢。

最简单的方法是看电视或打电话时做顺手清洁。

**1 整齐排列在毛巾上清洁**
将遥控器、电话等需要清洁的物品整齐排列在毛巾上。

**2 用蘸过清洗剂的毛巾抹洗污垢**
用毛巾湿擦物体表面。无法清除的污垢先用蘸有中性清洗剂的毛巾擦洗，再蘸水擦拭，最后干拭。注意不要让清洁液渗入到设备内部。

**3 用竹签挑出缝隙部分污垢**
按钮的间隙部分容易积存细微污垢，所以要用竹片或牙签刮出。注意不要过度用力，避免划伤物品。而且，建议事先给小物件套上防尘套，起到防尘效果。

## 偶尔的彻底清洁——窗户周围

不仅是接触外部空气的外窗，内窗也会弄脏。清扫后，窗户变得光洁如新，房间也会变得光亮，住着更舒适。

**1** 准备清洁工具

清洗剂滴到地板上可能会渗入内部，所以应该在窗户下面垫上海报或报纸。

**2** 用浸湿清洗剂溶液的毛巾进行湿擦

以 3 升水兑 2 小匙中性清洗剂的比例调配清洁溶液，将毛巾浸泡后轻轻拧干。从上至下擦玻璃，上部用裹着毛巾的长柄刷擦拭。

长柄刷 + 毛巾也 ok

**3** 大幅度移动手臂进行整面擦拭

对于玻璃下部分的清扫，应该蹲下来用毛巾画出框架并左右移动，就像汽车雨刮那样摆动。

**④ 一口气擦拭完侧边窗框**

擦完玻璃后，用蘸水的毛巾湿擦窗框侧边。

**⑤ 弄湿清洁刮**

使用前用湿毛巾弄湿清洁刮的橡胶部分，使其润滑以便使用。

**⑥ 从上方快速擦拭至腰部高度**

一只手拿清洁刮，另一只手拿毛巾，面对玻璃站立。倾斜清洁刮，从上部至腰部高度，沿直线刮擦，将水集中至一处。此时，橡胶部分与窗户玻璃之间的角度保持在 45 度并快速下拉的话，就能起到很好的清洁效果。

### 清洁刮的使用方法

右手为常用手时，朝向左侧开始刮擦。将橡胶部分贴在玻璃上，不要悬空。从清洁刮接触面直线向下，因为水会积聚在橡胶表面，所以需要倾斜清洁刮来集水，并用毛巾吸收。重复这个动作，先将上半部分的玻璃清洁之后，接着清洁下半部分的玻璃。需要注意的是，清洁刮的橡胶部分损坏之后，刮擦时会留下擦痕，不可继续使用。

**7 接收刮下来的水流**

对于下部的清理，应该蹲下来，自左向右一口气推进清洁刮至边缘，最后自上至下地擦拭水渍。擦到最下方后，用拧干的毛巾贴在窗框上，随着清洁刮一起推动擦拭。注意，如果毛巾贴在玻璃上，可能会留下痕迹。

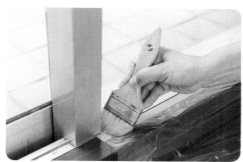

**8 用毛刷收集窗框灰尘**

干擦窗框，将水分完全清除。用毛刷从另一端开始刷，将灰尘集中，扫到近身处或用吸尘器吸掉。

**仔细保养，以免霜露损坏家具！**

如果产生霜露，容易引发霉菌与寄生虫。这不仅会损坏家具，还可能成为过敏原，影响家人健康。特别是冬季，暖气充足的房间和外界的温差容易导致霜露产生。需要注意换气，及时将室内空气中包含的水蒸气排到室外。

## 窗框污垢是窗户外侧的重点清洁对象

### 用刷子或裹着毛巾的竹片擦拭沙尘

用扫帚或清洁刷清洁整体后，用毛刷清扫窗框槽，将灰尘与垃圾大体清除。从上方开始擦拭窗框，细轨道部分用毛巾裹住竹片湿擦。如果限位块（限制位置的铁块）能拆掉，被拆掉部分也要擦拭。

### 湿擦后自然干燥

与内窗擦拭方法相同（参照第 99 页），湿擦玻璃部分，待其自然干燥。

### 纱窗除垢应小心

纱窗污垢比较复杂，用中性清洗剂无法完全洗干净。专业保洁员可以使用高压清洗设备。家庭清洁时，可以将肥皂粉或中性清洗剂溶解于温水中，将毛巾浸泡，轻轻拧干后直接擦拭，或者用长柄海绵擦蘸取溶液后擦拭表面。如果用力过度，或者用水管仅朝着一面喷洒清洗，会导致纱窗变形无法恢复。

## 偶尔的彻底清洁——榻榻米

日式房间的榻榻米由天然材料构成，所以需要精心处理。
先清除夹入榻榻米缝隙的灰尘，之后用毛巾干擦以保持整洁。

**1 缓慢拖动吸尘器**

沿着榻榻米的缝隙拖动吸尘器除尘。
因为凹凸不平，应缓慢地长时间往返
拖动吸尘器。

**2 不残留水分的湿擦**

榻榻米如果残留水分，可能会导致霉
菌。用水分极少的毛巾擦拭，一次擦拭
就可以不留下水分而擦拭得很干净了。

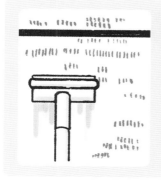

**通过湿擦对榻榻米进行
除尘 & 防褪色处理**

在我家，用吸尘器清洁榻榻米时会用到茶
叶。将毛巾包住茶叶放入温水后用力拧干，
将茶叶撒在榻榻米上，再用棕刷或扫帚将它
铺开。待茶叶干燥后，用吸尘器将茶叶连同
灰尘一起吸走。茶叶不仅能吸收灰尘，还能
抑制榻榻米褪色。绿色榻榻米用绿茶，褐色
则用红茶。

## 偶尔的彻底清洁——空调

空调里如果藏污纳垢，吹出的空气会影响整个房间。

空调外壳，可以自己仔细擦拭，内部复杂的拆解清洁则需交给专业人员。

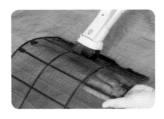

**1 清除过滤网的灰尘**

将过滤网放在较大的垫子上，用手按住避免拱形部位折弯，用吸尘器吸走灰尘。塑料部分如产生霉菌，应在小苏打水中浸泡并晾干。网格部分如产生霉菌，则需要更换新的部件。

**2 表面扫灰应始终朝着同一方向**

拿着浸泡过小苏打水并用力拧干的毛巾，从外侧开始擦拭。将毛巾纵向对折，朝着同一方向擦拭。如果往返擦拭会导致灰尘再次附着，需特别注意。

**3 擦拭出风口和内部**

用手按住出风口的导风板，用浸泡过小苏打水并用力拧干的毛巾擦拭。打开面板后是一个固定结构，可以简单擦拭内部。之后的拆解作业要交给专业人员处理，用毛巾干擦外侧即可收尾。

**4 打开空调运转 5 分钟，使其干燥**

清洁结束后，需要让空调运转 5 分钟左右，使其干燥。同时，确认有无噪声、零件松动等情况发生。

## 掌握后更轻松的房间整洁秘诀

### 将物品的边角对齐摆放

桌面与地面尽可能不放置物品，即使放置也要将物品的边角对齐。物品摆放整齐，就会给人留下整洁的印象。

### 设置临时存放处

设置托盘等临时存放处，可以避免随时用的小物品丢失。而且，清洁时也方便一起挪动。

### 将小物品收纳到透明容器中

将文具等小物品放入透明容器中，既不容易弄丢，找起来也会很方便。如果一眼就能看清里面放了什么，就可以避免存放过多相同物品。

### 保持房间最佳湿度

可以在房间里放置一个湿度计，将房间湿度保持在40% ~ 60%，这样的湿度范围确保不会滋生霉菌。但是，如果长时间打开空调的除湿模式，可能会导致喉咙疼痛、干痒，需要注意。

### 将通风和湿度管理作为预防清洁的一部分，极力避免关门避户

湿度高、换气条件差的房屋容易滋生霉菌、细菌。为了防止这个问题，减少对家居环境造成的损害及节省清洁时间，必须要做到预防清洁。除非有客人来访，其他时间家中的门窗等都应敞开。特别是衣柜门等两侧应交替打开，保证通风透气。通过这种开放式收纳，也很容易察觉灰尘与污垢的出现。

第4章

# 瞬间解决浴室·卫生间·洗漱台的苦恼
## 卫浴清洁

　　这里是用来清洁身体的地方，因此这里的清洁至关重要。

　　水边的霉菌、细菌也要仔细留意，认真处理。

**新津的秘诀**

**轻松打扫浴室的「顺手清洁」**

只需洗澡后用热水冲洗，就能省去许多清洁的麻烦！

浴室是清洗身体的地方，如果残留污垢和水分，容易导致更严重的顽固污垢。

刚沾上的皮脂或肥皂碎屑可以用花洒冲洗掉。所以，对着墙壁与浴缸内面喷洒热水更容易冲洗污垢，应该养成每次入浴后对墙面和浴缸喷洒热水的习惯。

对墙面和浴缸喷热水。

唰…

如果喷洒后有温水残留，容易形成滋生霉菌与细菌的环境。所以，应用水刮从上至下刮去墙壁和浴缸内壁的水滴，尽可能不残留水分。

用水刮除去水滴。

洗脸盆及板凳不要放在地面，可以扣在浴缸边缘控干水。板凳脚朝上放置，还能避免橡胶垫部分老化。

不随意摆放小物品。

及时清除排水口的毛发，在浴室旁边准备一个小垃圾桶就很方便了。排水口的盖子最容易弄脏，不洗澡时建议拆下。

清除排水口的毛发。

彭！

垃圾桶

淋浴器软管远离地面。

淋浴器软管如果贴着地面或墙面放置，可能会导致水垢或霉菌产生。所以，使用后应用毛巾擦掉软管上的水渍，并悬空挂好。

特别是没有窗户，只有换气扇的浴室，换气不及时会导致湿气存留。所以，应打开换气扇，同时打开门，创造通风的环境，实现高效换气。

开门换气。

## 偶尔的彻底清洁——浴室

不仅是水垢，排气口、换气扇等通风位置的灰尘也需要仔细清扫。使用清洗剂或除菌剂时，不要忘记打开换气扇。

**1** 整体淋上热水，用海绵擦或百洁布刷洗

用喷头给整个浴室淋遍热水，通过提高室内温度来软化污垢。接着，用海绵擦或百洁布刷洗墙面与地面。遇到出现黑斑的位置时，涂上除菌剂用海绵擦刷洗干净，再用水认真冲洗一遍，最后用中性清洗剂再次刷洗并冲洗干净。

**2** 接缝处污垢就用"白醋面膜"

瓷砖接缝处的白色污垢一般是沐浴露、肥皂碎屑、皮脂等蛋白质污垢，可以浇上具有分解蛋白质特性的白醋，并用保鲜膜或纸巾盖上，等待一段时间后再用海绵擦刷洗干净。

**3** 用含砂百洁布擦洗镜面

将含砂百洁布弄湿，在镜面上涂抹少许中性清洗剂使其润滑，以画圆圈的姿势擦洗镜面。然后，用喷头从上左右三个方向喷水，仔细冲掉污垢。

**4** 用水刮检查污垢是否完全清除

浴室清洁结束后，用水刮从上至下刮掉水滴。此时，还能确认浴缸与瓷砖接缝等地方是否有污垢残留。

**❺** **在小苏打溶液中**
**浸泡淋浴头**

洗面池中放满水，倒入小苏打，
放入淋浴头浸泡。之后，用海绵
擦刷洗干净淋浴头和软管。

**❻** **用竹签检查淋浴头**
**是否堵塞**

淋浴头出水口容易被水垢等堵塞，
可用竹签或牙签等小心剔除污垢，
注意要避免划伤淋浴头。

**❼** **从外侧清除门的黑斑**

浴室门应该按照从污垢少的外侧
（更衣位置）→内侧的顺序清洁。
首先用毛巾湿擦整体，再用牙刷
仔细擦洗细微部分。门的内侧可
先用喷头喷洒热水，冲走污垢。

**❽** **用刷子擦洗排水口**

拆下排水口的盖子，清除垃圾。撒上小苏打，用牙刷或百洁布擦洗干净，再
淋水冲走污垢。最后，将盖子放回原来的位置。

**9** 清除墙壁上的水滴

冲洗掉污垢后，用清洁
刮刮掉或用干毛巾擦干
墙壁上的水滴。

**10** 清除换气扇的灰尘

断开换气扇的电源，拆掉滤网，用浸
泡过热水并拧干的毛巾擦拭换气扇本
体，清除灰尘。接着，用涂了中性清
洗剂的毛巾擦拭一遍，最后干擦即可。

## 粉红霉菌、黑色霉菌……
## 瓶状容器不清洗干净也会成为霉菌的温床

洗发水、沐浴露等瓶子如果长期放在
地面或浴缸旁边，底部可能出现水垢
或霉菌。因此应该将这些瓶子放到沥
水性好的篮子或架子上，避免直接接
触地面或墙面。液体香波补充新装
时，如果原来的瓶子不冲洗，旧液沉
在下部并不卫生。因此应在瓶子空了
以后用刷子将内部清洗干净，充分干
燥后再填充新液。

在我家，各种瓶状容器都会放
到篮子中，平常将篮子放在更
衣位置。入浴时带到浴室，方
便又干净。

专栏

# 洗衣机里的霉菌也要注意！

即使每天洗衣服，洗衣机也会不经意沾上污垢。
如果洗衣机本身藏污纳垢，好不容易洗干净的衣服也会被弄脏。

滚筒边缘
也要擦拭

### 洗衣时不接触水的部分

即使洗衣机运转时，边缘与盖子上面也不会碰到水，所以要用牙刷刷洗后，再用毛巾湿擦去污。

### 每次使用时清洗积尘袋

积尘袋如果存留污垢，可能会导致网眼堵塞。使用后应及时清洗，清除线头等，并吊起来晾干。

### 往滚筒里放入小苏打，浸泡后清洗

在洗衣机滚筒中灌满热水，加入小苏打（用量根据污垢调整）。放置 3 ~ 4 小时，之后让洗衣机运转，自行清洗内部。

### 更换清洗后吊起晾干

建议多买几个积尘袋。其中一个正在清洗的时候，使用另一个就很方便了，不影响洗衣机使用。

新津的
秘诀

## 轻松打扫洗漱台的"顺手清洁"

经常洗脸或化妆的场所弄脏后，脏东西可能会沾到脸或头发上。

相关物品也需要保持洁净，包括一些小物件在内。

**① 清洗洗面盆**

用海绵擦刷洗面盆，每天仔细清洁，再用水冲走污垢。将海绵擦放在洗面盆附近，看到污垢就及时清理。

**② 擦拭镜面 & 水龙头**

镜面或水龙头的金属部分特别容易残留水垢或肥皂碎屑。用超细纤维抹布干擦。如果将这里弄干净，洗漱台整体都会有清洁感。

**❸ 检查排水口的污垢**

检查排水口周围及零件上是否有污垢。因为这里容易滋生霉菌，需要注意。先用牙刷擦洗，牙刷清理不到的部位需用牙签清除。

**❹ 清除地面的灰尘与毛发**

洗漱台附近的地面每天都会留下毛发、纤维碎屑等灰尘。湿度较高的环境下灰尘含水分，不建议用吸尘器，可以用毛巾湿擦干净。

## 让洗漱台变舒适的 "新津家" 小秘诀

**在洗漱台的置物架上铺挂历纸**

因为经常用湿手取放牙刷等物品，所以置物架很容易被弄脏。为了防止污垢，可以铺上与置物架面板同等大小的挂历纸，每个月更换 1 次。

**放置除湿剂，保持干燥状态**

在容易产生湿气的环境下，可以放置除湿剂。尽可能保持干燥状态，防止霉菌与细菌滋生。

**常备超细纤维抹布和毛巾**

为了每次使用洗漱台时都能方便擦拭面盆及镜子，建议洗漱台旁边常备超细纤维抹布。抹布应每周清洗一次。

## 偶尔的彻底清洁——洗漱台

集中清洗洗漱台的排水口或水位孔等无法轻易解决的污垢。不要忘记最后整体检查一遍。

**❶ 定期用刷子清洗水位孔**

用牙刷蘸少量小苏打粉，清洗水位孔四周。因为这里容易出现水垢，需要定期清洗。

**❷ 用牙刷清除排水口水垢**

用牙刷擦洗排水口及其周围的顽固污垢，因为这里是污垢汇集的位置，如果放任不管，会形成黏稠的污垢，并导致恶臭。

**❸ 擦拭置物架**

将置物架里面放置的物品全部取出，湿擦内部。收纳物品的表面也要用毛巾擦拭，清除污垢与水分后放回原位。

**❹ 从各角度检查墙面污垢**

检查墙面有无水渍或清洗剂等飞溅污垢。特别是墙面很难从正面发现污垢，需要靠近墙面，斜视观察确认。

汗液、皮脂中含大量细菌！
## 每天使用的小物品也要保持卫生

### 用竹签处理缝隙处的污垢

刷子与梳子的刷毛和梳齿之间会缠绕毛发与细小污垢等，应用竹签挑出，清洗干净。

### 用小苏打水浸泡刷子与梳子

在洗面盆内装满热水，倒入 1 大匙小苏打，放入刷子、梳子浸泡 5 分钟，趁着水热涮洗干净，放在通风好的位置晾干。

### 轻轻擦拭发饰

将发夹或发卡解下之后，放入温水中，用牙刷或牙签仔细清除皮脂与污垢，再用超细纤维抹布小心擦拭。用棉棒小心擦拭装饰等纤细部分，避免损坏。

### 用中性清洗剂清洗粉擦

与皮肤直接接触的海绵擦弄脏后，会把细菌涂到脸上。应将粉擦放在中性清洗剂溶液中浸泡 5 分钟，揉洗后晾干。

**新津的秘诀**

**轻松打扫卫生间的"顺手清洁"**

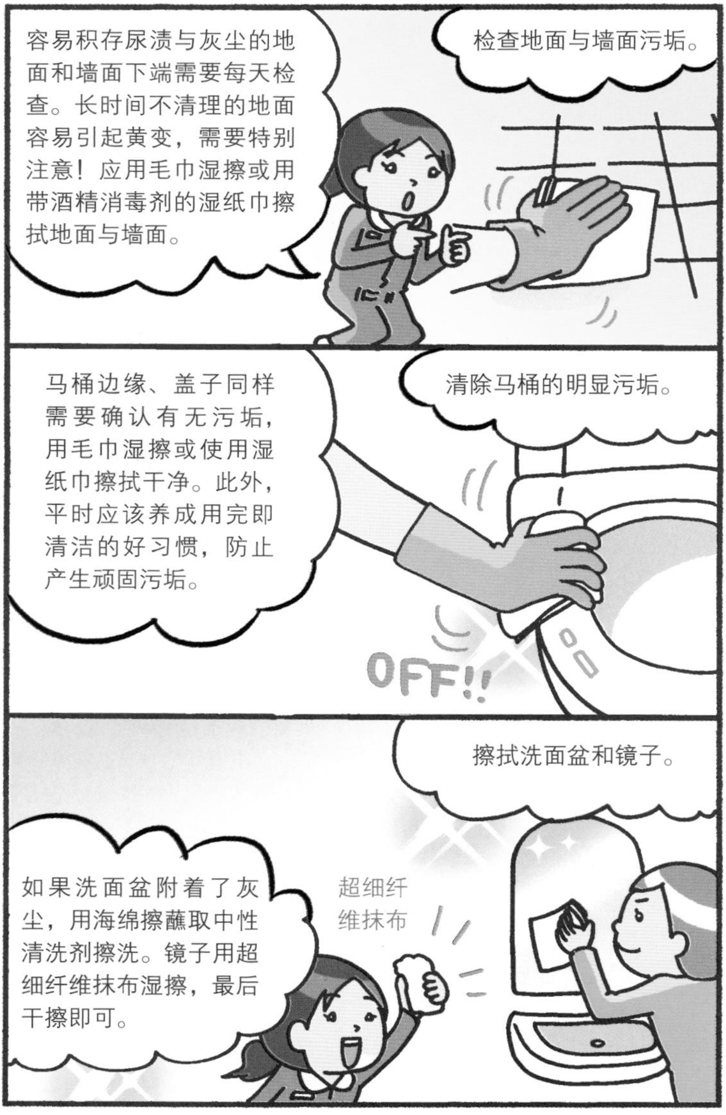

容易积存尿渍与灰尘的地面和墙面下端需要每天检查。长时间不清理的地面容易引起黄变，需要特别注意！应用毛巾湿擦或用带酒精消毒剂的湿纸巾擦拭地面与墙面。

检查地面与墙面污垢。

马桶边缘、盖子同样需要确认有无污垢，用毛巾湿擦或使用湿纸巾擦拭干净。此外，平时应该养成用完即清洁的好习惯，防止产生顽固污垢。

清除马桶的明显污垢。

OFF!!

擦拭洗面盆和镜子。

如果洗面盆附着了灰尘，用海绵擦蘸取中性清洗剂擦洗。镜子用超细纤维抹布湿擦，最后干擦即可。

超细纤维抹布

## 偶尔的彻底清洁——卫生间

卫生间应每周彻底清洁 2 次，防止细菌滋生及转移到家中其他地方。

通过充分保养，家中也可以达到酒店卫生间的洁净程度。

### 用小苏打溶液保养卫生间清洁工具

基于卫生方面的考虑，打扫卫生间的工具一定要做到专用。使用后在装满小苏打溶液的水桶或水盆中浸泡。之后水洗晒干，完全干燥以备下次清洁。

**1 拆下厕纸架擦拭**

厕纸架如可拆卸，将其拆下，湿擦干净。

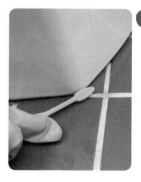

**2 用牙刷擦洗马桶与地面之间的间隙**

马桶和地面的交界处特别容易存留尿渍及灰尘，应用蘸过小苏打溶液的牙刷擦洗干净后再擦干。

**③ 湿擦墙面**

墙面距离地面1米左右的下端特别容易被飞溅的污渍弄脏，所以要用湿毛巾整体擦拭。

**④ 加入小苏打后冲洗**

先大量放水，等待水流停止，在积水处投入2小匙小苏打。

**⑤ 清洗马桶内侧**

将海绵擦在小苏打水中浸泡，擦洗马桶内侧。牙刷插入积水处内侧，搅动擦洗。

**⑥ 用牙刷清除细小污垢**

马桶盖与垫圈边缘凹陷处的污垢用牙刷刮去。此外，也可以用竹签刮掉顽固污垢。

**⑦ 清除顽固污垢**

⑤⑥两步无法清除的顽固污垢就要用草酸溶液擦洗。

注意：
※ 马桶的盖子和温水清洁座的喷嘴是树脂材质，不可使用酸性厕所清洗剂。
※ 使用酸性厕所清洗剂清洁马桶时会损伤排水管，因此每个月最多使用1次。

**8** 用牙刷擦洗喷水口

单手压住温水清洁座的喷嘴底部避免折断，用海绵擦从内向外清洗。喷水口处用牙刷擦洗。

**9** 擦拭马桶和盖子

准备事先在小苏打溶液中浸泡过并拧干的毛巾，按顺序擦拭马桶正面、盖子内侧、外侧、马桶内侧。马桶圈底部使用橡胶，必须干擦以防止变色。

**10** 干擦手接触部分

厕纸架与温水座的开关等手经常碰到的地方用毛巾干擦。插座、电线、马桶内侧等大约 4 个突出位置也要擦拭干净。

**11** 湿擦 & 干擦地面

用毛巾湿擦卫生间地面。之后，按顺序干擦地面、马桶和地面接缝。如果是瓷砖地面，干擦前可用地板刷将接缝处刷洗干净。

**12** 擦拭洗面盆和镜子

海绵擦蘸取适量中性清洗剂，擦洗洗面盆。镜子用超细纤维抹布先湿擦，然后干擦。

## 卫生间万无一失的"对抗异味"策略

卫生间的异味如果放任不管，会集聚在狭小的空间内，越来越难以消散。

应通过平时的简单保养，创造整洁清爽的空间。

**竹炭除臭**

将竹炭放在卫生间，可以起到去除异味的作用。竹炭有许多极其细小的孔隙，能够吸附异味。

**不用时打开盖子或门**

如果关上马桶盖，容易滋生细菌。因此马桶不使用时也要敞开。在我家，为了保持通风，卫生间门通常也是敞开的。

**每周清洗 1 次周边小物品**

厕纸架、马桶盖、地垫等卫生间内小物件也会被弄脏。每周应对这些小物件集中清洗 1 次，保持整洁。

**厕纸上滴几滴精油**

在厕纸上滴几滴喜欢的精油，增加芬芳。怡人的气味也能使人心情放松。

## 即使是在旅行，
## 也要用专业眼光检查细枝末节

因为平时喜欢旅行，所以日本很多地方我都住过。或许是因为专业保洁员的职业习惯，我在每间旅馆都会仔细检查卫生间的细枝末节。是否干净，有无异味，每一个细节都不放过。如果旅馆有留言簿，我会写下长篇大论。为什么我会如此在意？因为这样的检查能让我重新审视自己的工作。通过观察别人的清洁方式，我自己也会有新的发现与反思，成为自己清洁时的参考。所以，通过不断努力，必将继续提升清洁技术。

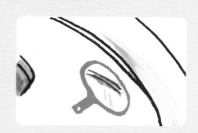

### 用镜子检查马桶内侧边缘

专业保洁员为了观察马桶内侧边缘的污垢，会常备小镜子，用镜子反射的光来观察。并不是"看不见而放任不管"，而要做到"看不见也要保持干净"，态度决定一切。

## 不易被发现的污垢
## 也逃不过专业的眼神

### 定期擦拭智能马桶盖电线

刚刚形成的灰尘是白色的，附着在白色电线上很难被发现。所以，每次清洁时需仔细擦拭。

### 天花板排气口

位于视线上方难以注意的位置。空气通道特别容易沾染灰尘，应定期进行清扫。

### 女性用品盒

盖子特别容易弄脏，需要注意。如果在内部铺上报纸，不仅可以去除异味，还有防虫效果。

### 门把手

因为每天会接触许多次，门把手上会附着大量皮脂等污垢。通过顺手清洁，湿擦干净。

专栏

# 所坐座位上的"视线"和"反光物体"

面对突然来访的客人，就算只是提前 10 分钟整理，也可以给人焕然一新的印象。关键是客厅、玄关、卫生间这 3 个地方。首先是客厅，根据坐在沙发上的视线高度检查有无污垢。其次是玄关和卫生间，如果金属部分、马桶、镜子等存在光泽感的位置焕发光彩，整体会显得更加整洁。总而言之，就是要做有重点的清洁。

最后，为了消除异味可以放置芳香剂或喷点香水，安心迎接客人的到来。

| 客厅的检查重点 | 卫生间的检查重点 |
|---|---|
| 擦拭门把手……………… □ | 擦亮门把手……………… □ |
| 收拾及擦拭桌子……… □ | 擦拭镜子与洗面盆……… □ |
| 收拾地面……………… □ | 更换毛巾……………… □ |

地面或桌子上如果有多余物品，应及时收拾。客厅与厨房边界处如果有窗帘，可拉开遮挡住视线与污垢。

马桶及洗漱台等客人可能会使用到的地方，要擦得特别光亮。毛巾最好也换成新的或洗净的。

第5章

# 提升家庭格调
# 玄关·阳台·庭院的清洁

　　常与外界接触的场所经常会有虫子、泥土等污垢，很让人头疼。

　　作为紧急避难通道及躲避空间，这些地方应尽量少摆放物品。

新津的秘诀

**轻松打扫玄关的「顺手清洁」**

习惯这种异味后就会变得不敏感，应在自己习惯以前，尽早制定一个去除污垢的对策！

脱鞋或脱外套的玄关，每天都会被弄脏甚至有异味产生。

长期放着不穿的鞋应及时收到鞋柜里，刚穿过一段时间不会再穿的鞋应该先通风，然后收到鞋柜里。

在鞋架上铺上报纸，这样即使鞋底带着泥沙，也不会弄脏鞋架。

整理拿出的鞋子。

为什么大冬天的，凉鞋还放在外面？！

报纸

如果使用扫帚，不可太过用力，让灰尘乱飞，应小心仔细慢慢扫！

用吸尘器吸走垃圾与灰尘。

清除地板的灰尘。

咻咻

## 创造迎接客人的整洁空间

玄关就是家的门面。也是来访者最先接触的地方，如果这里脏乱不堪，会给人一种被怠慢的感觉。鞋子、伞具还有玩具及工具等塞满玄关，不仅有损美观，发生意外时也会堵住出口而让人无法顺利逃脱。只需每天3分钟清洁，你就会发现大为不同的改观。狭窄的玄关很容易看出清洁效果，会让人有满满的成就感！

**玄关是"污垢聚集地"清洁不能完全解决问题！**

**玄关是"通道"，不是"房间"**
基于防灾防患等方面的考虑，应尽可能将鞋、伞具等尽量少地摆放在玄关。合适的玄关空间，应该以出现紧急状况时方便顺利通过的空间大小为标准。门上的猫眼（参照第130页）比较小，清洁时容易被忽略，应注意。

### 玄关的主要污垢

●泥沙
鞋底附着的泥沙会落在玄关。泥沙中所含的铁成分氧化后可能会产生颜色渗透，使地面变色。

●灰尘
家的内部和外部均容易存留灰尘。门框处特别容易有灰尘积存，需注意。

●毛发
在穿脱外套的玄关，会有大量掉落的毛发。需要用吸尘器仔细清洁。

●手垢
除了经常开关的门把手，室内拖鞋柜的面板等也容易沾染手垢。

●花粉
外出时衣服沾上的花粉会被带进家里。

# 清洁玄关的规则

● **养成"及时收纳"的好习惯**

"家里人太多，所以鞋子多也没办法。"千万不要有这种想法，用完的鞋子与雨具在彻底通风透气后，应妥善收纳，养成好习惯。

● **长时间不穿的鞋就是垃圾**

长期不穿的鞋只是个异味制造机罢了。穿到不能穿的鞋子没有什么舍不得的，处理后还能增加玄关的整洁度。

● **不放置潮湿物品**

淋了酸雨的物品会散发异味，应充分干燥之后再进行收纳。但淋湿的伞具或鞋子放在狭窄的玄关晾干，会产生气味与霉菌，应把它们放在阳台或浴室晾干后取回。

● **重点清洁手脚经常触碰到的位置**

门把手、鞋柜等手脚经常触碰到的位置易产生污垢。最好的措施是在污垢尚不明显时集中处理。每隔两天，就应该用浸过温水并拧干的毛巾湿擦以上位置。

● **避免鞋柜聚集异味**

在鞋柜这样狭小密闭的空间内摆放鞋子很容易聚集异味。所以，我每天早上上班前会将鞋柜的门打开，让鞋柜保持通风换气的状态。

● **不要随意摆放快递包裹**

如果快递包裹不及时拆开，之后会越积越多。在楼下收到包裹时，我会直接拆开箱子，将包装盒扔进外边的垃圾箱，决不带进玄关。

● **按季节分别收纳物品**

鞋子应该按春夏、秋冬区分，当季穿不上的就收纳到鞋柜中。"决不放置现在不需要的物品"，这是建立整洁玄关的重要规则。

## 从细节处入手，擦亮家的门面！

玄关周围的设备、小物件等，再细微的部位只要变得整洁，都会带来美好心情。

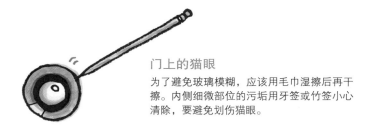

**门上的猫眼**

为了避免玻璃模糊，应该用毛巾湿擦后再干擦。内侧细微部位的污垢用牙签或竹签小心清除，要避免划伤猫眼。

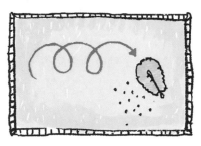

**室外玄关地毯**

在室外戴上口罩，用击打的方式拍去灰尘，或者用水管冲洗。加点清洗剂，用棕刷以画圆圈的姿势擦洗，再用水冲洗。最后，吊起来自然晾晒。

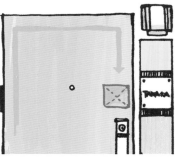

**玄关门**

用热水浸湿并拧干的毛巾擦拭。按平面分区法（参照第50页）进行擦拭，最后干擦，使金属部分更显光泽。

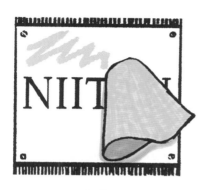

### 门牌

养成擦拭玄关门外侧时顺手擦拭门牌的习惯。用超细纤维抹布湿擦，注意避免造成涂漆的剥落。

### 拖鞋

拖鞋鞋底容易脏，需要每天擦拭。棉质或绒料拖鞋内侧会有汗渍，需要先用洗衣粉浸泡后搓洗，再用水冲洗。人工皮革拖鞋用液体酒精擦拭。清洁时，应注意保护珠子等装饰部分。

### 伞具

如果将淋湿后的伞放在一旁不管不顾，铁丝部分会容易生锈，折叠伞甚至会在布料上留下锈迹。所以，伞具使用后一定要拿到浴室用水冲干净，充分干燥后收起。

### 观赏植物

叶子上很容易附着灰尘，应定期将它移到室外清理。如果是大叶片，用毛巾逐个夹住叶片两面轻轻湿擦。如果是小叶片，可以用抹布轻轻擦。清洁时，不要忘记佩戴口罩和防尘帽。

## 偶尔的彻底清洁——阳台四周

因为阳台经常与外界接触，会有污泥、渣滓、树叶等各种污垢残留。遇水干结后更加难以清除，需要定期处理。

**❶ 刷扫窗框表面的污垢**
用刷子从上至下清扫窗户外侧窗框表面的灰尘。因为这是特别容易出现蜘蛛网的位置，平常要仔细检查。

**❷ 轨道周围灰尘较多时，用吸尘器清扫**
窗户轨道内侧要用刷子清扫。将灰尘扫至窗框边缘后，用竹签刮出，或者用吸尘器吸走。

**❸ 给窗户涂匀清洗剂再擦拭**
参考第 99 页，用毛巾湿擦窗户玻璃。按 2 小匙中性清洗剂兑 3 升水的比例调配溶液，将毛巾浸泡后轻轻拧干。然后用毛巾包住地板擦（参照第 94 页），从上至下擦拭玻璃。

**4** 湿擦 & 干擦

参考第 100 ~ 101 页对窗户进行湿擦，之后再干擦。窗框与轨道也同样处理。

**5** 擦拭空调室外机表面

用湿毛巾向着一个方向擦拭空调室外机表面。用 2 小匙弱碱性清洗剂兑 3 升水的比例调配溶液，将毛巾浸泡后轻轻拧干，缠绕在地板擦头部，擦拭空调表面。最后，再用毛巾湿擦一遍。

**6** 湿擦扶手

用毛巾湿擦阳台的扶手。栅栏部分用毛巾从两侧包住，应毫无遗漏地将每根栅栏擦拭干净。

**7** 用地板擦清理阳台地面

在地板上洒上清洁液，站在侧面由近及远移动地板擦。打扫窗下时，换另一只手拿地板擦，在手可触及的范围内左右摆动地板擦。用清洁液洗过一遍之后，再用水清洗一遍，然后自然干燥或用刮水擦擦干。

含水分的沙土、灰尘难以清除，建议在晴天清洁。公寓等集体住宅的住户进行阳台清洁时，应注意避免给楼下住户造成影响。

**8** 擦拭并整理园艺用品

用毛巾湿擦喷壶等小物件，清除污垢。如果将这些小物件随意放置在阳台，会很容易有落灰，因此应该将它们统一放在篮子里，方便清洁。

**9** 清除排水口的垃圾

此处会积攒清洁其他位置时产生的污垢，所以排水口应最后清洁。能拆下盖子的排水口可以用竹签等工具拆下盖子，剔除四周缠绕的毛发及泥垢。

## 公寓阳台的"安全梯"也要保持干净

有的公寓住宅在自家范围内设计了通往其他楼层的安全梯。特别是有些安全梯的入口被镶嵌在地板里，这种情况下一定不能在安全梯入口旁边放东西或是任凭它脏了也不管。这样做有可能导致出现紧急情况时安全梯入口的盖子无法正常开闭。平时安全梯入口及其周边应留出一定空间，并定期清洁。此外，由于梯子本身较细，为避免使用时不稳定，可以将手套与袜子放在附近的箱子里，这样使用时会更安心。

## 早晨来一个小扫除，整天都有好心情！

　　机场的工作是 24 小时 4 班制。有些工作只能在机场没有旅客的时候才能做，所以很多时候回家已经是深夜了。

　　但是，无论回家多晚，每天早晨我一定会进行清洁。把佛龛整理干净，喝着暖暖的茶，接着便开始清洁。有时候清洁不到的地方，丈夫也会帮我。

　　在自己整理过的房间里，可以与家人一起开心生活。

　　清洁是所有幸福的源泉。

# 新津老师来教你

家务中最令人头疼的是彻底清洁!夫妻两人都工作,或许是"谁先发现谁就顺手清洁"的默契,两个人都是看见不干净也当作没看见。而且,让我感到羞愧的是,最后还是丈夫动手清洁,我成了甩手掌柜。

但即便是这样,清洁时我还是会亲自动手。要么不做,要做就做得彻底,一旦清洁神经打开,彻底完成才罢休。新津老师对我说,或许这种性格就是我厌烦清洁的原因。换而言之,总想着"我得腾出时间打扫""我必须得打扫干净",反而会给自己增加压力。所以,还是放松心态,自由随性清洁就行。

即便只是先养成积极清洁的心态,对自己来说也已经是最关键的一步了。

最后就是让丈夫主动参与,营造可以放心接待宾客的居住空间。

藤井雅子

# 卷尾语

"还能清洁就是身体健康的证明。"

清洁是需要精力和体力的。随着年龄的增长，视力开始变差，细微的污垢越来越难发现，握紧清洁工具的力气也变小了。现在 50 多岁的我，连用梯子站在高处清洁都会有些害怕。随着身体的衰老，打扫的干劲也逐渐丧失。

我们或许不再年轻，或许会因为受伤等原因而无法自由活动。即便如此，我仍然希望尽我所能，让自己的生活环境变得更加舒适。所以，不论男女，都应该趁自己身体健康时掌握"轻松清洁的秘诀"！

当周围有人身体不便，对清洁感到困扰时，我总是想着能帮他做点什么；当遇到懒得清洁的人时，我也想帮他找出产生这种倦怠感的原因。并且，我很愿意将轻松清洁的方法传授给他们。

本书主要介绍减轻清扫负担的方法，希望能够对大家的清

扫有所帮助。

　　到目前为止，我从保洁工作中学到了很多。对我来说，保洁的工作场所既是我的职场，也是我的课堂。

　　最近，也有一些机场以外的地方邀请我去做清扫工作的指导，比如著名寺庙等观光景点。这些风景名胜经常有很多外国游客去参观，与羽田机场有同样的对外宣传意义。而且，因为很多都是历史建筑，绝对不允许出现建筑材料的损伤。这样的工作特别有意义，也是我的天职。

　　将热情的待客之道融入清洁之中，每天的清洁工作都会令我感到幸福与满足。


新津春子

# 与新津老师的相遇

"日本第一专业保洁员好像就在羽田机场。"

从 2014 年秋季开始，有许多关于新津老师的新闻。

事情的根源还要追溯到《专业工作流派》这个节目的制作，当时我也没想到会产生这么大的影响。

在羽田机场大厅等待新津老师时，她笑容满面地向我快步走来。虽说是"日本第一"，给人的印象却是大大咧咧的，这令我很意外。

而且，她的身世更是令人惊讶。她的父亲是"二战"遗孤，她是日本遗孤的后代。她说："因为不会日语，所以很难找到工作，但保洁工作不同，不需要语言交流。当然，这份工作很辛苦，而且社会地位也很低。但我并不在意，反而很喜欢这份工作。"

我一整天都被她的笑容感染，彼此很快就熟络起来了。

最令我惊讶的是，她对清洁的积极态度。

　　无论是白天、夜晚或休息时间，新津老师都会抽空进行体能锻炼，因为全力应对清洁工作需要充足的体能。她在机场也从不使用电梯，除了锻炼身体，也是为了减少对旅客带来的打扰。

　　在做清洁工作时，新津老师总是像少女一样充满活力，因为她从心底喜欢清洁工作。即使是在几十米外的极小的污垢，她都能第一时间跑过去，将污渍清理干净。她使用的清洗剂有80余种，甚至她自己还开发出了许多清洁工具，可见她对清洁工作的用心。而且，她从不会漏掉任何肉眼能够发现的污垢。比方说，卫生间的干手器不能留下气味，需要拆解后清洁内部。并且，她已经将这种仔细认真到极致的态度贯彻到地面、玻璃、镜子、马桶等任何地方的打扫中。

　　"只有用心才能实现真正干净！所谓用心，就是自身的温和态度，关注清洁对象及环境。只要用心，可以想出很多好点子。而且，积极的心态也能给别人带来幸福。"

　　对新津来说，体谅别人已经超越了清洁工作本身。如果在大厅捡到旅客的地铁卡，她会跑遍机场找寻失主；如果有人问路，她会第一时间指出正确路线；遇到行李多的旅客，她会走

在前面帮旅客打开大门；即使夜班让她累得够呛，她也会尽心为旅客提供力所能及的服务。

"我觉得机场就是我家，要以主人的姿态，表现出自己的待客之道。欢迎大家来到我家，希望大家能够轻松快乐！"

新津老师之前的人生并非一帆风顺。作为"二战"遗孤的后代，在两国都受到过他人的排斥，刚来到日本时，家里也没有很多积蓄，只能吃面包边角料度日。即使不被认可，也一定要给人们带来整洁轻松的环境。正是这样的心态，造就了现在的新津春子。在与新津老师密切接触的 1 个月里，我也重新审视了自己的工作态度，让我的人生变得更加充实。

"心灵纯净得令人感动，就像菩萨再世！"

"超越了工作本身的意义，能够承受逆境带来的磨砺，从工作中发现深刻意义，令人印象深刻。"

"任何工作都要用心，我对自己之前对待工作的傲慢态度做出反省。"

"节目中新津老师的家庭清洁法对我有所帮助，我一边看一边记录。"

节目播出后，观众们寄来了如雪片般的信件与邮件，反响巨大。新津老师甚至被海外媒体邀请做访谈与讲座，她的生活变得更加繁忙且充实。

即便如此，新津老师的心态仍然没有变化。

"旅客您好，有没有什么我可以帮到您的？"

每天笑容依旧，在机场辛勤工作。

NHK《专业工作流派》导演筑山卓观

图书在版编目（CIP）数据

不烦不累扫一屋 /（日）新津春子著；张艳辉译.
—南京：江苏凤凰文艺出版社，2017.3（2017.5重印）
ISBN 978-7-5399-9819-0

Ⅰ.①不… Ⅱ.①新… ②张… Ⅲ.①家庭生活-基
本知识 Ⅳ.①TS976.3

中国版本图书馆CIP数据核字(2017)第017286号


江苏省版权局著作权合同登记：图字10-2016-597

"SEKAI-ICHI" NO CHARISMA SEISOUIN GA OSHIERU SOUJI HA "TSUIDE"
NI YARINASAI by Haruko Niitsu
Copyright © Haruko Niitsu, 2016. All rights reserved.
Original Japanese edition published by SHUFU TO SEIKATSU SHA CO., LTD.
Simplified Chinese translation copyright © 2017 by Beijing Fonghong Books Co., Ltd.
This Simplified Chinese edition published by arrangement with SHUFU TO SEIKAT-
SU SHA CO., LTD., Tokyo,through HonnoKizuna, Inc., Tokyo, and Beijing Kareka
Consultation Center.


书　　　名　不烦不累扫一屋
著　　　者　〔日〕新津春子
译　　　者　张艳辉
责 任 编 辑　聂　斌　孙金荣
策 划 编 辑　贺　楠
特 约 编 辑　张　赟
文 字 校 对　孔智敏
版 权 支 持　王秀荣　张晓阳
封 面 设 计　仙境工作室
版 面 设 计　李　亚
出 版 发 行　凤凰出版传媒股份有限公司
　　　　　　江苏凤凰文艺出版社
出版社地址　南京市中央路165号，邮编：210009
出版社网址　http://www.jswenyi.com
经　　　销　凤凰出版传媒股份有限公司
印　　　刷　北京市雅迪彩色印刷有限公司
开　　　本　880毫米×1230毫米　1/32
印　　　张　4.5
字　　　数　120千字
版　　　次　2017年3月第1版　2017年5月第3次印刷
标 准 书 号　ISBN 978-7-5399-9819-0
定　　　价　38.00元

（江苏凤凰文艺版图书凡印刷、装订错误可随时向承印厂调换）